엄마의 마법

김영식

창의력을 폭발시키는
엄마의 마법

김영식

누구나 알지만 아무도 모르는 **창의력**

아이는 태어나는 순간부터 쑥쑥 자란다. 내버려둬도 자라고 돌봐줘도 자란다. 어떻게 키우는 게 좋은지, 잘 키우고 있는지 미처 깨닫기도 전에 자란다. 어느 날 정신 차려보면 책가방을 멘 아이가 꾸벅 인사를 한다.
"학교 다녀오겠습니다."
나는 그동안 이 아이에게 무엇을 가르쳤을까?

자연과 더불어 뛰어놀게 해야 한다는 사람도 있고 특별한 교육을 시켜야 한다는 사람도 있다. 핀란드와 뉴질랜드, 미국, 독일 등등 교육선진국들을 살펴보는 부모도 있다. 특히 창의성 교육이 중요하다는 것을 아는 부모는 유태인의 토론식 교육이 최고라며 엄지를 치켜세운다. 사실 토론은 창의력보다는 논리적 사고 영역에 있다. 하지만 대부분 이런 지적에 귀 기울이지 않는다. 주입식은 무조건 나쁜 거라며 토론식 교육을 해야 한다고 목소리를 높인다. 대부분의 부모가 솔깃해한다. 그럴 수밖에 없다. 우리의 교육 시스템을 영 신뢰하지 못하기 때문이다.
정말 교육시스템 탓일까? 그런데 그 전에 반드시 짚고 넘어가야 할 점이 한 가지 있다. 그동안 우리가 간과하고 있던 중요한 문제다. 바로 우리는

'어떻게' 교육하는지에 대한 관심만 많았지, '누가' 가르치는지에 대한 관심은 전혀 없었다는 점이다. 학교 선생님들의 자질과 능력을 검증하자는 주장이 아니다. 유아교육에 대한 문제 제기다.

유아교육을 망치면 다음 단계의 교육은 정말 물 건너간다. 왜 이렇게 유아교육이 중요할까? 유아기는 이것저것 어른들의 고정관념이 머릿속에 들어와 똬리를 틀기 전이다. 아이는 정말 백지상태다. 이때 아이에게 창의적으로 생각하는 능력을 키워주어야 남다른 아이로 자란다. 그래야 학교에 들어가서도 획일적인 교육에 쉽게 매몰되지 않는다. 유아교육이 모든 교육의 성패를 좌우하는 가장 큰 이유다.

그런데 이 창의성을 누가 가르치는가? 어린이집 원장이? 유치원 교사가? 부모의 관심은 오로지 아이의 보호와 안전에만 쏠려 있다. 휴일에는 아이 손잡고 온갖 프로그램을 쫓아다니느라 정신이 없다. 아무도 누가 아이를 가르치는지는 신경 쓰지 않는다. 창의성은 누가 가르치는지가 가장 중요한데 아무도 심각하게 고민하지 않는다.

다시 영영 돌아오지 않을 이 소중한 기회가, 아이의 창의력을 키워줄 이

귀한 시간이 그냥 흘러가고 있다. 당신이 교육시스템을 탓하며 허공에
울분을 토하는 동안.
지금, 내 아이를 가르칠 선생님은 누구인가?
창의성을 가르칠 선생님은 누구인가?
세상에서 내 아이를 가장 잘 알고, 가장 사랑하는 사람!
바로 엄마다!
프로이트와 에릭슨, 피아제에게 아이의 발달단계를 물어본들, 프뢰벨이
나 몬테소리를 가정교사로 초빙한들 다 소용없다. 아이를 가르치려면 무
엇보다 먼저 아이의 고유한 특성을 알아야 하는데 엄마만큼 아이를 잘
아는 사람은 없다. 엄마가 가장 좋은 선생님이다!

혼돈의 교육시스템을 넘어 창의적인 아이로 성장하기를 바라는가?
아이가 간절히 원하는 꿈을 이루고 결국 행복하게 살기를 바라는가?
이렇게 강력히 원한다면 엄마는 당장 이 책을 통해 '변화'하라!
엄마의 무엇이 변화해야 하는가?
생각이 바뀌어야 한다.

엄마의 생각이 바뀌면 아이의 창의력이 쑥쑥 자란다.

《창의력을 폭발시키는 엄마의 마법》은 적절한 예와 함께 새로운 교육 방법과 방향을 구체적으로 제시한다. 아이의 호기심을 고양시키고, 다양한 관점을 갖도록 하며, 관찰하는 힘을 키워주면서 때로는 유쾌하게 뒤집기를 시도한다. 엄마는 이 책을 읽으면서 아이와 함께 대화하고 놀아주면 된다. 맞벌이 엄마라면, 아빠의 협조를 구해도 좋다.

어느 장을 먼저 읽든 상관없다. 하지만 엄마가 먼저 책 전체를 처음부터 끝까지 한 번 빠른 속도로 읽어보기를 권한다. 그 후에 아이와 함께 재미있게 활용할 수 있는 장부터 골라 마음껏 응용해보기 바란다.

누구나 알지만 아무도 모르는 새로운 교육방법이 눈앞에 펼쳐진다.

책의 주제는 처음부터 끝까지 '창의력'이다.

언제나 아이와 함께하는 당신을 존경하며.

김영식

차례

01 변화의 시작

왜 변화를 두려워하는가?

나비는 알을 낳고 알은 애벌레가 된다. 애벌레는 번데기가 되었다가 드디어 나비가 되어 하늘 높이 날아오른다. 이것을 곤충의 '변태'라고 한다. 인간은 어떠한가? 기다가 걷고 뛰긴 해도 번데기가 된다든지 날개가 생기지는 않는다.

'변화와 혁신'은 함께 붙어 다닌다. 혁신은 좀처럼 일어나지 않는다. 곤충의 변태처럼 완전히 바뀌는 것이 혁신인데, 자주 일어난다면 혁신이 아니다. 일반 유선전화에서 스마트폰으로 변화한 것은 혁신이다. 하지만 스마트폰의 카메라 해상도가 높아지는 건 발전이지 혁신은 아니다. 그만큼 혁신은 어렵다.

변화도 어렵긴 마찬가지다. 어른들은 웬만해선 변하지 않는다. 혁신의 단초는 변화인데, 어른들은 쉽사리 변하지 않으니까 변화와 혁신을 강조하는 것이다.

하지만 아이는 다르다.

변한다. 그야말로 변화무쌍하다.

특히 갓 태어난 아기는 하루하루가 변화이고 혁신이다.

그런데 아기 때는 하루가 달랐지만 자라면서 그 정도가 급격히 둔화된다. 몸과 지식은 커지는데 생각은 고정되어간다. 강요한 적도 없는데 이상하리만큼 변화를 마다한다. 7세가 되면 우뇌의 발달이 멈춘다는 이론이 맞는 것일까? '다르게' 생각하려는 욕구가 점점 줄어들다가 어느 날 사라지고 만다. 어떻게 해야 할까?

변하지 않으려는 것도 일종의 습관이다. 아이 때 굳어지면 커서는 고치기 힘들다. 아이의 생각이 고정되기 전에, 천편일률적인 사고방식이 형성되기 전에 엄마가 이끌어줘야 한다.

창의력은 교육과 훈련에 의해 향상된다.
엄마의 행동 하나하나, 아이와 나누는 대화 한마디 한마디가
곧 교육이다. 엄마는 기꺼이 변화를 받아들여야 한다.
엄마부터 나비가 되어 날아오르듯 변화하라.

내 아이만큼은 나의 전철을 밟게 하고 싶지 않다. 그런 각오 속에서 굳은 결심을 하고 아이를 열심히 키웠는데, 어느 날 정신을 차리고 보니 이런 기막힌 일이 있을까? 어느 새 내 아이가 나를 닮아가고 있다.

큰일이다! 당장 바로잡아줘야 한다!

안타까운 마음에 서두르게 되고 욕심이 앞선다. 그래서 아이에게 이것도 시키고 저것도 시키고 무조건 1등을 해야 한다며 다그친다. 아이의 스케

줄은 항상 빡빡하다. 창의는 놀이라는 말에 노는 것도 계획을 세워 놀게 한다. 그림 창의, 음악 창의, 놀이 창의, 무슨 특별 프로그램이나 캠프 등에 자석처럼 끌려다닌다. 아이에게 맘껏 놀게 해준다면서 실은 '아이 맘껏'이 아니라 '부모 맘껏'이다.

창의가 놀이라는 말은 맞다. 그런데 그 놀이가 순수성을 잃는다. 진짜 놀이는 놀 때마다 변화무쌍한데 이렇게 틀이 정해진 놀이는 딱 거기까지다. 억지로 노는 건 놀이가 아니다. 그래봐야 예측 가능한 재미 말고는 얻는 게 별로 없다. 이런 놀이조차 하지 못하고 공부만 하는 아이들보다는 낫지만. 그렇다고 자유롭게 뛰어놀게만 하면 어른이 되어서도 잘 뛰고 잘 놀기만 한다. 놀이도 제대로 놀 때 강한 에너지가 나온다. 창의성이 꿈틀거린다.

꿈틀거리는 아이의 창의성을 폭발시킬 사람은 엄마밖에 없다.

그러기 위해서는 엄마부터 변해야 한다.

변화의 시작은 '같다/다르다'를 이해하는 것부터다.

아이는 엄마의 거울

할머니랑 소풍가는 날이야. 장난감 챙겨!
응!

이게 다 뭐야?
친구들 다 데려갈 거야.

헉헉
할머니!
어여 와라.

엄마, 뭘 이렇게 많이 싸왔어요?
우리 강아지 먹이려고

물통, 썬크림, 거울, 무릎담요……
김밥, 과자, 음료수…

앉을 자리도 없다.

우리 이사 온 거예요?

'다르다'가 중요하다

우리는 명사와 함께 형용사도 배웠다. 크다/작다, 높다/낮다처럼 반대되는 말을 짝 지으면서 배웠다. 상대적인 개념이기 때문이다. 야구공은 탁구공에 비해 크지만 축구공에 비하면 작다. 이처럼 형용사는 반드시 비교 대상이 있다.

그런데 큰 집, 높은 산처럼 그냥 사용하기도 한다. 아무리 집이 커도 그것보다 더 큰 집에 비하면 작고, 태산이 높다 하되 하늘 아래 뫼일 텐데 아무런 문제없이 알아듣는다. 특별히 누가 정한 건 아니지만 일반적으로 받아들이는 평균치가 있기 때문이다. 문제는 이 평균치가 애매할 때 발생한다.

"나도 큰 집에 살고 싶어요."
"학교가 너무 멀어요."

아이가 말하면 가슴 아프지만, 엄마는 무슨 말인지 알아듣는다.

"엄마, 우리 집은 가난하죠? 그래서 불행해요."

아이가 이렇게 말하면 엄마의 머릿속이 복잡해진다. 돈은 없어도 우리 집은 행복하다고 자부해왔는데 아이의 생각은 다른 걸까? 여기까지는 아이가 아직 어리니까 그럴 수도 있다면서 넘어간다. 그런데 아이가 다음과 같이 말하면 판단하기 곤란해진다.

"엄마, 나빠!"

어떤 상황에서 그런 말을 했는지에 따라 다르긴 하지만, 아이의 표현이 옳다/그르다의 문제를 건드렸기 때문이다.

이럴 땐 어떻게 하면 좋을까?

옳다/그르다 역시 형용사라서 절대적으로 좋고 나쁜 건 없다. 다만 나쁘면 사회적인 문제가 되므로 나빠서는 안 된다고 배웠고, 아이에게도 그렇게 가르쳤다. 사실 아이는 명확한 도덕적 가치 기준에 따라 '엄마 나빠!' 한 것이 아니다. '엄마 미워!'의 의미와 크게 다르지 않다.

그래도 엄마가 나쁘다고 말하면, 잠깐 엄마 자신을 되돌아보자. 내가 한 말이나 행동 중에서 무엇이 싫었을까? 무엇이 아이의 마음을 건드렸을까? 아이가 원하는 것을 이루도록 해줄 다른 방법은 없을까? 틀림없이 적절한 대답이 떠오를 것이다.

창의성을 위해 가장 중요한 형용사인 '다르다'를 깊이 이해하고 나면, 지금 아이가 무엇 때문에 화가 났는지 근본 원인까지 생각해보는 '다른' 엄마가 된다.

같으면 무엇이 같고, 다르면 무엇이 다른 건지 좀 더 살펴보자.

무엇이,
왜 다른가?

대량생산한 제품은 정말 똑같을까? 완전히 같을 수는 없지만 보통 그냥 '같다'고 한다. 그런데 정말 완전히 같은 것도 있다. 숫자 5와 5는 같다. 이렇게 같은 것이 있으니까 '다른 것'도 존재한다. 숫자 5와 6은 다르다. 다음 문제를 풀어보자.

문제_ 다음 중 '다른 것'을 찾으세요.

① 2　　　　② 3　　　　③ 6　　　　④ 8

어? 모두 다른 숫자인데 다른 걸 찾으라고? 잠시 생각해 보니 어렸을 때 배운 홀수/짝수가 생각난다. 모두 짝수인데 숫자 3만 홀수니까 답은 ②

번 3이다. 이런 종류의 문제는 '사고력 테스트'에 종종 등장한다. 보기에서 공통점을 찾은 다음 그것에서 벗어나는 것을 찾는 문제다.

앞의 문제는 숫자와 짝수, 홀수 개념만 알면 풀 수 있다. 짝수, 홀수를 모르는 유아들에게는 도형을 이용해서 '같다/다르다'를 가르치기도 한다.

문제_ 다음 중 다른 것을 찾으세요.

너무 쉬운가? 살짝 어려운 문제도 있다.

문제_ 다음 중 다른 것을 찾으세요.

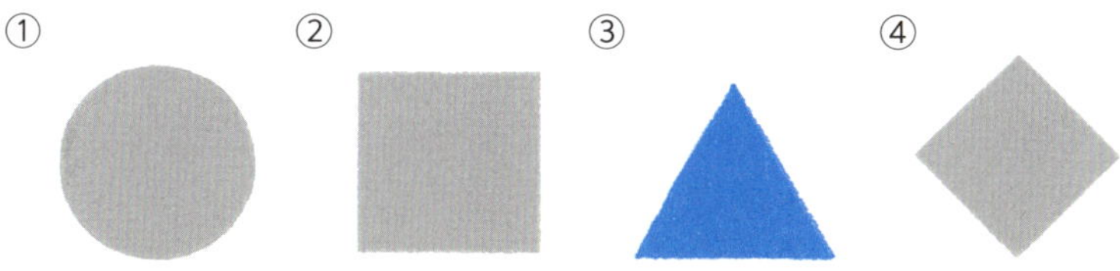

두 번째 문제의 답은 무엇일까? ③번 삼각형이 답이다. 모양은 모두 제각각으로 다르지만 색깔은 세 도형이 회색으로 같다.

그런데 삼각형만 파란색이므로 이것이 답이다. 정말 그럴까? 이 문제는 문제가 있다! 세 도형은 모두 직선 또는 꼭짓점이 존재하지만, 원은 직선이나 꼭짓점이 없다. 따라서 ①번 원이라고 답할 수도 있다. 때문에 만약 ①번을 답으로 썼는데 틀렸다고 하면 큰일 난다. 대학입학 수학능력시험 문제라면 나라가 뒤집어진다. 그래도 이건 좀 낫다. 답이 두 개밖에 나오지 않았으니까. 다음 문제는 훨씬 심각하다.

   ① 32   ② 93   ③ 3   ④ 15

어느 것이 정답일까? 무려 답이 세 개다. ①, ③, ④ 모두 답이다. ①번은 네 개의 숫자 중 홀로 짝수이기 때문이고, ③번은 이것만 한 자릿수이기 때문이다. ④번은 이 숫자에만 숫자 3이 없어서 답이다.

그런데 ②번 93은 정녕 답이 될 수 없을까?

곰곰이 생각해보면, 93이라는 숫자도 나머지와 다른 점이 있다는 걸 알 수 있다. 93만 두 개의 숫자를 더하면 9+3=12로 10이 넘는다. 나머지 숫자들은 각각 10 미만의 합을 갖고 있다. 따라서 이것도 얼마든지 답이 될 수 있다!

답은 네 개다. '정답이란 없다'는 말에 힘을 실어준다. 네 개 중 하나의 정답을 고르는 객관식 문제의 비극이다.

'같다/다르다'를 이해하기 위해 중요한 점은 이것이다.

같으면 '무엇이' 같고, 다르면 '무엇이' 다른지 알아야 한다. 그것은 앞에서 예시한 도형의 색깔, 모양 말고도 크기와 넓이, 높이나 수 또는 양이 될 수도 있다.

아이들은 '같다/다르다'를 배우면서 크다/작다, 많다/적다, 높다/낮다 등을 저절로 깨우친다. 같은 형용사지만 '같다/다르다'는 다른 형용사들과 다른 특별한 취급을 받는 이유다. 특히 이 책에서는 최고의 대접을 받는다. 남과 다르게 생각하는 힘이 곧 창의력이기 때문이다.

아이 때는 남이 하는 대로 따라 하는 것도 중요하다. 일단 모방을 통해서 배우니까. 그런데 이것이 습관이 되어 어른이 되어서도 무조건 남을 따라 하는 것은 심각한 문제다. 어릴 때 배웠던 '같다/다르다'에서 '같다'만 남기고 '다르다'는 과감히 버린 결과다. 다 큰 사람 보고 남이 가지 않는 길을 가라고 해봤자 소용없다. 그럴수록 더 흉내 내고 더 베낀다.

왜 그럴까?

남이 하는 대로만 하면 편하다. 크게 잘못되지는 않는다. 가만히 있으면 적어도 중간은 할 수 있기 때문이다. 숨겨진 이유도 있다. 남과 다르게 행동했다가는 미친놈 소리 들으며 손가락질 받을 게 뻔하니까.

이런 우리가 아이에게 창의력을 가르칠 수 있을까? 창의적인 사람이 되라고 말할 수 있을까?

TV 프로그램에 나온 아이들의 대답에 귀기울여보자. 내용과 관계없이 말의 끝은 언제나 '~같아요'다.

"바다에 오니까 어때요?"

여름 해수욕장에서 기자가 묻는다. 열 명 중 아홉은 이렇게 대답한다.

"좋은 거 같아요."

"시원한 거 같아요."

다른 곳에서 다른 것을 물어도 마찬가지다.

"놀이기구 타니까 어때요?"

"재밌는 거 같아요."

모두 약속이나 한 듯이 '~같아요' 타령이다. 왜 그럴까? 어휘력이 이것밖에 안 되어서일까?

아니다! 어른들이 그렇게 말하고 있기 때문이다. 아이들은 어른들을 따라했을 뿐이다.

TV 기자가 어른들에게 묻는다.

"금연 거리 지정에 대해서 어떻게 생각하십니까?"

"좋은 거 같아요."

"지하철 요금 인상에 대해서 어떻게 생각하세요?"

"너무 비싼 거 같아요."

어른들도 한결같이 '~같아요'로 대답한다.

"너무너무 맛있는 거 같아요."

"비가 많이 오는 거 같아요."

"날씨가 더운 거 같아요."

하물며 우리말의 가장 정확한 전달자여야 할 TV나 라디오 진행자들도 '~같아요'로 말을 맺는다. 왜 이렇게 됐을까?

추측은 할 수 있다. 어떻다고 단정 짓는 데 따른 책임감과 틀릴지도 모른다는 불안감, 결과에 대한 비난을 감당할 수 없어서 등등. 이 책에서는 여기까지 이야기하자. 대한민국의 대화법을 기형으로 바꾼 '~같아요'의 원인을 밝히는 건 사회심리학자나 언어학자들의 몫으로 남겨둔다.

과거에 비해 개성을 훨씬 더 높이 평가하는 세상이 분명한데, 그 속을

찬찬히 들여다보면 겉만 그렇다. 속은 '흉내' 일색이다.

그렇기 때문에 더욱더 우리 엄마들이 먼저 변해야 한다. 기존의 것을 조금씩 바꿈으로써 아이에게 '다른 것'을 생각하고 만들어내게 해야 한다. 이것이 변화고 발전이다. 우리는 이런 아이들에게 마지막 기대를 걸고 살아간다. 미래를 이끌어갈 창의적이고 혁신적인 사람, 바로 당신의 아이가 주인공이다.

아이에게 '다르다'를 가르쳐라. 영어와 수학에 짓눌리는 시기가 오기 전에! 하루라도 빨리!

엄마가 반드시 알아야 할 것이 있다. 정답이란 없다는 말의 의미다.

'떡 두 개를 합치면 커지긴 해도 다시 한 개의 떡이 된다. 그러므로 1+1=1도 맞는다고 해야 한다. 정답이란 없다.'

이 말에 대해서 어떻게 생각하는가?

수학기호인 '+'와 '='을 적으면서 말했다면 궤변이 된다. '1+1=1'도 맞는다면 수학의 존재 이유가 없어진다. '1+1=2'는 수학에서 사용하는 언어이자 약속이므로 변해선 안 된다. 수학은 과학의 기초인데 그것이 변한다면 과학은 끝이다. 떡 이야기를 할 때 수학기호를 사용하면서 정답이란 없다는 말과 연결시켜서는 안 되는 것이다.

수학기호 대신 우리말 '더하기'를 사용하면 이렇게 말할 수 있다.

'떡 한 개에 한 개를 더하면 다시 한 개의 떡이 된다. 그러므로 한 개 더하기 한 개는 반드시 두 개라고 할 수 없다. 정답이란 없다.'

정답이란 없다는 말의 진짜 의미다. 수학에는 정답이 있지만 우리가 살아가는 세상에는 정답이 없다. 이것의 차이를 엄마가 충분히 인지하고 아이에게 떡 이야기를 들려줘야 아이가 제대로 이해한다.

"더하면 커지거나 많아져. 이것 봐, 떡 한 개에 한 개를 더하니까 커졌지? 이렇게 바뀌는 걸 변화라고 해. 이번에는 연필과 지우개를 더해볼까? 어, 지우개 달린 연필이

됐네? 신발에 바퀴를 더하면 뭐가 될까? 와, 네가 좋아하는 바퀴 달린 신발로 변했다! 이것이 더하기야.”

(더하기에 대해서는 **05 더하고 곱하고 나누고 빼면?**에서 자세히 다룬다.)

1. ‘같은 것과 다른 것 찾기’ 놀이를 한다. 대상으로는 도형, 숫자도 좋지만 먹을 것도 좋다. 아이는 크면서 옷에도 관심을 갖지만 그래도 먹는 게 최고다. 엄마 아빠가 좋아하는 반찬과 아이가 좋아하는 반찬이 다르다. 무엇이 다른지 그리고 왜 다른지, 같다면 무엇이 같고 다르다면 무엇이 다른지 함께 이야기하며 밥을 먹는다.

같은 것과 다른 것 찾기 놀이를 하다 보면, 아이가 ‘짜다/맵다/싱겁다’와 같은 형용사는 저절로 알게 된다. 그 뿐이 아니다. 엄마 아빠의 어휘력에 따라서는 ‘매콤하다/알알하다/얼얼하다’처럼 아이들이 거의 사용하지 못하는 섬세한 뉘앙스의 형용사도 쉽게 이해하기 시작한다. 그러면 어느 날 매운 냉면을 좋아하는 아이가 맛있어하면서도 한마디 하는 날이 반드시 온다.

“엄마, 입안이 얼얼해!”

맵게 요리한 엄마 탓이지만 그런 표현을 할 수 있도록 이끌어준 엄마 덕이다. 이것이 산교육이다.

‘맵다’만 가르쳤다면 아이는 얼얼하다고 말하고 싶어도 그렇게 표현하지 못한다. 대신 이렇게 말한다.

“엄마, 입안이 매워.”

무엇이 무엇이
똑같을까~

젓가락 두 짝이 똑같아요

무엇이 무엇이 똑같을까~

아빠 코
내 코가 똑같아요

무엇이 무엇이 똑같을까~

아빠 눈
내 눈이 똑같아요

입맛은
다 다르네.
달라서
더 좋아.

시작부터 차이가 나는 것이다.

생각은 소리가 생략된 '말'이다. 생각은 자신이 알고 있는 말로 한다. 말은 단어들의 연결이다. 생각이 풍부하려면 많은 단어를 이해하고 사용할 줄 알아야 한다. 상상력의 바탕은 어휘력이기 때문이다.

대한민국 엄마라면 자부심을 느껴야 할 것이 하나 있다. 전 세계에서 우리말처럼 어휘가 풍부한 나라가 없다는 것! 이것만 놓고 보면 우리 아이들은 상상력을 키우기에 매우 유리한 환경에서 태어난 셈이다.

그런데 엄마가 국어를 소홀히 한다면? 그건 직무태만이다.

엄마는 쉬운 우리말을 아이에게 가르쳐야 할 책임과 의무가 있다. 그러다 보면 엄마의 상상력까지 저절로 풍부해진다. 이것은 덤이다.

2. 식탁에서 아이와 이야기를 나눈다. 각자의 숟가락과 젓가락의 크기, 모양, 길이 등의 차이에 대해서 대화한다. 밥그릇과 국그릇의 차이에 대해서도 좋다. 무엇이든 일상생활에서 자주 접하는 것들로 이야기를 풀어간다.

"이 컵은 손잡이가 있는데 이건 없네. 왜 그럴까?" 물어도 본다.

"이건 투명해서 속이 다 보여." 설명도 해준다.

"투명이 뭐야?"

아이가 물으면 이렇게 대답해준다.

"속이 다 비칠 때 투명하다고 해."

아이의 상상력을 키워주려면 아이가 좋아하는 공룡보다 실제 생활 속의 물건들이 더 좋다. 평생 만나지도 못할 티라노사우루스와 크로노사우루스는 지금까지 보고 들은 것만으로 충분하다. 공룡에 대해 모르는 것보다 아는 것이 좋긴 하지만 실제 토끼도 한번 만져본 적 없는 아이가 공룡 사진부터 꿰고 그 긴 이름까지 줄줄 외우는 건 썩 바람직한 순서로 보이지 않는다. 다른 아이들이 그렇게 하니까 저도 따라 하는 것일지도 모른다. 그것보다는 밥 먹을 때, 집에서 놀 때, 유치원에 데려다주거

숨은그림찾기

삼각자, 책, 연필, 야구방망이, 프라이팬,
고깔모자, 스케이트

나 데려올 때, 언제든지 실제로 만지고 볼 수 있는 것을 소재로 '같다/다르다'를 이야기하자! 숟가락, 젓가락, 밥그릇, 컵, 새, 꽃, 물고기 등등 이런 것들부터 시작하자.

3. '같다/다르다'와는 조금 다르지만, '숨은그림찾기'도 좋다.
'같다/다르다'에 대한 기초는 이 정도면 된다. 잘 알고 있으면서도 미처 깨닫지 못했던 '다른 것'의 비밀을 탐구하는 교육은 이제부터다. 이른바 공간과 시간이다.

공간

〈그림〉은 평범한 찌개 그릇이다. 그런데 한 가지 다른 점이 있다. 무엇이 다른지 찾아보라.

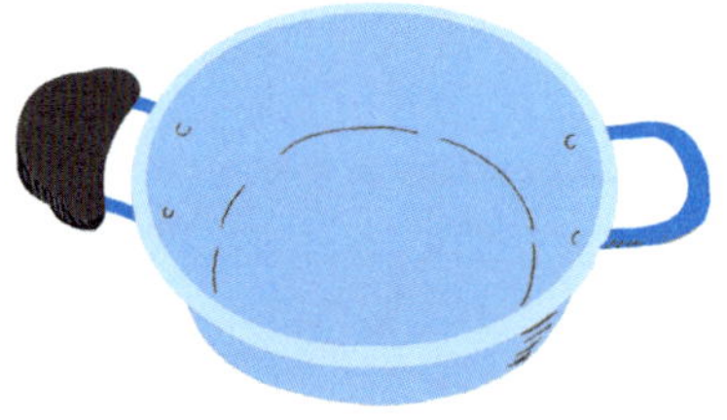

손잡이가 다르다. 한쪽은 손으로 잡았을 때 뜨겁지 않도록 검은색 절연 물질로 되어 있는데 반해 다른 쪽은 그냥 철로 되어 있다. 말하자면 양쪽 공간의 상태가 다르다. 그러니까 이상하게 보인다. 이것이 공간적으로 다른 것의 특징이다.

이상하다는 건 평범하지 않고 특이하다는 것이다. 대부분의 모습과 다르니까 이상할 수밖에 없다. 따라서 이상하게 보이고 싶으면 다음 〈그림〉처럼 스타킹이나 신발을 각각 다른 걸로 신으면 된다. 흔히 말하는 짝짝이로 신는 것이다. 이것을 학술적으로 표현하면, 창의성의 비밀은 같은 것을 다르게 하는 것이 된다. 알고 보면 정말 쉽다.

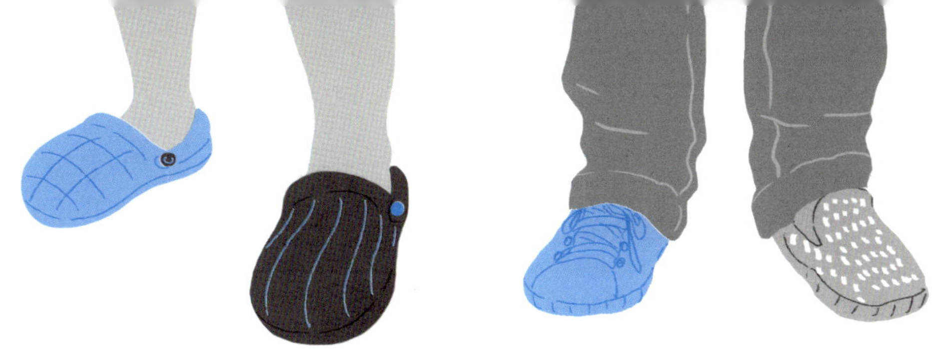

신발을 짝짝이로 신는 것은 개성 때문이라고 하자. 그런데 그릇은 왜 양쪽 손잡이를 다르게 만들었을까?

'다르다'를 설명하기 위해 일부러 그릇 손잡이의 한쪽 절연체를 떼어냈다. 그런데 이런 그릇은 장점이 없으니까 굳이 이렇게 만들 이유가 없고 시장에 존재하지 않는다.

이렇게 양쪽 손잡이가 다르면 정말 장점이 없을까? 의문이 살짝 고개를 든다.

장점이 있다. 양쪽 손잡이의 재질과 색깔을 다르게 하면 한쪽을 맨손으로 잡아야만 할 때, '이쪽을 잡으세요'라는 세심한 배려가 될 수 있다.

억지스러운가? 그렇다면 재질이 아니라 아래 〈그림〉처럼 양쪽 손잡이의 크기와 모양, 길이를 다르게 하면 어떨까?

요리를 하다 보면 냄비를 한 손으로만 잡아야 할 때가 있는데 그럴 때 편리하다. 모양도 개성이 있다. '공간에 따라 다르게 한다'는 생각 덕분에 지금까지 없었던 새로운 냄비가 만들어졌다!

신발도 마찬가지다. 짝이 맞지 않아 어쩔 수 없이 신었는데, 신어보니 개성 있고 독특해 보인다. 왼쪽과 오른쪽 신발이 반드시 같아야 할 이유는 없다. 그래서 태어난 것이 짝짝이 양말이다. 우연이든 아니든 공간에 따라 다르게 했더니 생각조차 못했던 새로운 장점이 보인 것이다.

애써서 장점을 찾지 않더라도 눈에 띄게 확실한 이점이 생기는 경우도 있다. 지하철 승객을 위한 손잡이가 좋은 예다. 처음에 만든 지하철 1, 2호선의 손잡이는 그 길이가 천편일률이었다. 하지만 최근에 만들어진 지하철 손잡이는 그 길이가 각각 다르다. 길이가 긴 것이 섞여 있다. 키 작은 사람도 잡을 수 있도록 배려한 것이다.

그릇, 양말, 지하철 손잡이 모두 '공간에 따라 모양과 색깔, 길이를 다르게 한다'는 발상으로 이뤄낸 창의적 결과물이다.

문제_ 다음 중 다른 것을 찾으세요.

모두 다르다. 모양도 재질도 그리고 크기도 각각 다르다. 또 어떤 건 손잡이가 있고 어떤 건 없다. 그런데 한 가지는 유독 다른 점이 눈에 띈다. 어느 것일까?

④번이 많이 다르다. 뚜껑이 있다! 보통 컵에는 뚜껑이 없는데 이것은 있으니까 많이 다르다. 자세히 보면 뚜껑 가운데에 구멍이 뚫려 있어 빨대를 꽂을 수 있고, 필요에 따라 그 구멍을 막을 수도 있다. 창의적인 제품이다. 왜 창의적인 제품일까?

이런 컵은 아직 없었기 때문이다. 만약 이와 같은 제품이 많이 등장하면 ④번 컵을 보고 이상하다거나 다르다 또는 창의적이라고 하지 않는다. 더 이상 새로울 게 없어서다. 그래서 최초가 매우 중요하다.

또 다른 예를 보자. 다음 〈그림〉은 세탁기인데 본체에 손빨래를 할 수 있는 공간을 마련했다. 전에는 이런 게 없었다. 그래서 이것을 창의적인 제품이라고 한다. 최초니까! 하지만 타사에서 유사한 것을 이미 만들었다면 이런 명예는 얻지 못한다.

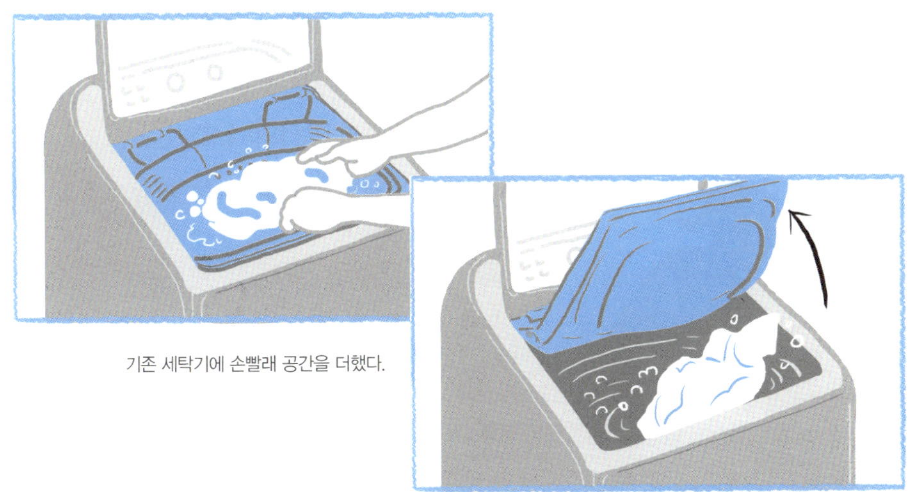

기존 세탁기에 손빨래 공간을 더했다.

남과 다른 것을 최초로 생각한다는 것은 결코 쉽지 않다. 가만히 살펴보면 '같은 걸 다르게 한 것'이 전부인데, 왜 아무도 생각해내지 못했을까? 그릇은 양쪽 손잡이를 서로 다르게 했고, 스타킹이나 신발은 서로 다른 것을 신었을 뿐이다. 컵은 다른 컵과 달리 뚜껑을 씌웠고 세탁기는 없던 공간을 추가했다. 이것이 방법이다. 따라서 이 방법을 엄마가 아이에게 정확히 전해주기만 하면 아이가 창의적으로 변하는 건 시간 문제다. 단, 엄마가 먼저 확실히 이해해야 한다.

앞의 사례에서 고정관념을 찾아보자.
✔ 그릇 : 양쪽 손잡이의 모양, 크기, 재질 등은 같아야 한다.
✔ 스타킹, 신발 : 양쪽 신발의 모양, 무늬, 색깔 등은 같아야 한다.
✔ 지하철 손잡이 : 모든 손잡이의 길이(모양, 재질, 크기)는 같아야 한다.
✔ 컵 : 컵은 뚜껑이 없어야 한다. 뚜껑이 있는 건 병이라고 한다.
✔ 세탁기 : 세탁기로는 손빨래를 할 수 없다.

물론 결과적으로 찾아낸 고정관념들이다. 창의적인 제품들은 공통적으로 기존과 다르게 바꾼 것들이 있다는 특징을 갖고 있다. '모양/크기/재질/색깔/있다/없다'를 바꿨다. 이것들을 사물의 속성이라고 한다.
즉, 공간에 따라 속성을 다르게 하면 창의적인 제품이 탄생한다.

아이는 어려우면 금방 싫증을 낸다. 어른도 마찬가지다. 따라서 '속성' 같은 용어는 어린아이에게는 굳이 사용하지 않아도 된다. 초등학생이나 중학생이라면 상관없다. 아이에게는 쉽고 어려운 것의 구분이 없긴 해도 어려운 용어를 접하면 금세 재미를 잃어버린다.

굳이 공간에 따라 속성을 다르게 한다는 걸 이해시키려고 하지 말자. 그보다는 직접 물건을 비교해 보여주면서 무엇이 다른지 직접적으로 알게 하자. 냄비 하나도 모두 똑같을 필요가 없다는 걸 스스로 깨닫게 해주는 것이 중요하다.

아이가 즉시 깨닫지 못해도 상관없다. 획일적인 것이 아닌 다양한 것을 많이 보여주는 것만으로도 창의력에 큰 도움이 된다. 그것이 밑바탕이 되어 언젠가는 남과 다른 독특한 생각을 시작할 것이기 때문이다. 엄마는 바로 그 자리에서 효과를 보려는 급한 마음을 버려야 한다. 욕심은 금물이다. 엄마가 과하게 욕심을 부리면 아이를 다그치게 되어 창의력이 암기 과목으로 전락한다. 그럴 바에는 차라리 아무것도 하지 않는 편이 낫다.

1. 아이와 함께 가구점에 간다. 그곳에서 여러 가지 모양의 의자들을 보여준다. 그러면서 뭐가 다른지, 왜 다른지 함께 이야기한다. 아이는 재미가 있어야 호기심이 생긴다. 재미있게 이야기하는 것은 엄마의 몫이다.

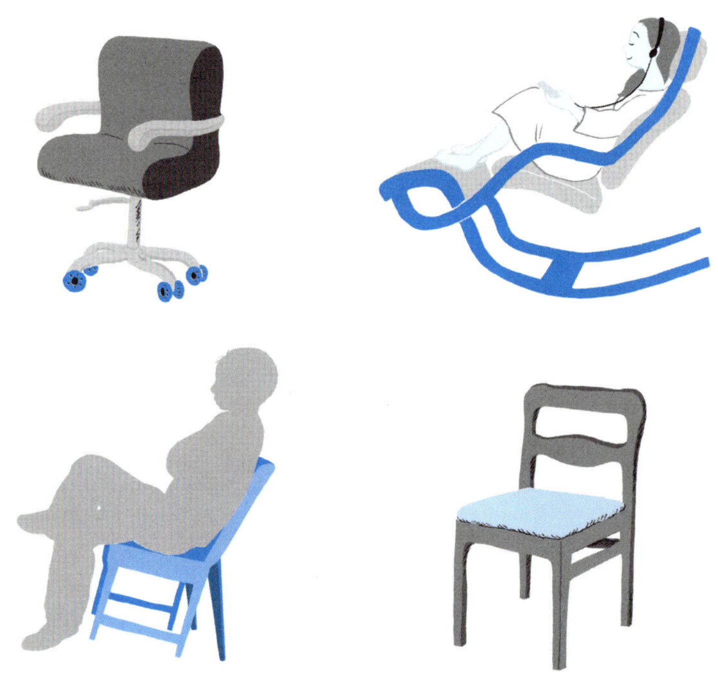

2. 양말을 짝짝이로 신어보자고 제안한다. 양쪽의 색깔과 무늬가 반드시 같아야 할 필요는 없다. 엄마도 스타킹을 짝짝이로 신고 외출한다.

무늬와 색깔이 다른 양말을
짝짝이로 신었다.

시간

보통 식품의 유통기한은 포장지에 찍혀 있다. 그런데 간혹 잘 보이지 않는 것도 있다. 어떤 건 너무 오래돼서 표기일의 일부가 지워진 것도 있고 유통기한 날짜가 어디에 찍혀 있는지 한참을 찾아야 하는 경우도 있다. 유통기한이 지나지 않았어도 유통 중에 문제가 발생하면 음식은 상한다. 이럴 때 포장지에 찍힌 날짜 표시는 아무런 의미가 없다. 날짜 표시를 포장지가 아니라 뗐다 붙였다 할 수 있는 스티커에 인쇄한 건 더 큰 문제다. 언제든지 그것을 떼고 새로운 날짜로 수정해 다시 붙이면 되기 때문이다. 이런 문제를 불식시킬 좋은 방법은 없을까?

식품 포장지는 시간이 지나도 아무런 변화가 없다는 게 문제다. 시간이 흘러도 겉으로 볼 때는 멀쩡하기 때문이다. 만약 제품 생산일로부터 얼마 이상 날짜가 지나면 자동으로 색깔이 변하는 스티커를 의무적으로 부착하도록 하면 어떨까? 아예 포장지 자체를 시간의 흐름에 따라 색깔이 변하게 만드는 방법도 있다. 그러면 더 이상 유통기한 날짜를 찾느라 고생하지 않아도 된다.

시간에서도 공간에서에서와 마찬가지로 '같아야 한다'는 생각이 문제를 만든다. 식품의 유통기한 문제만이 아니다. 나 자신을 돌아보면 어떠한가? 아침에 눈뜨면 무엇부터 하는가? 어제와 오늘이 달랐는가? 그리고 내일은? 약간씩 개인차는 있겠지만 대부분 대동소이하다. 어제 한 행동이나 말은 오늘도 하고 내일도 한다. 순서나 내용에 거의 변화가 없다. 사용하는 어휘도 거의 비슷하다.

아이를 대하는 말투나 행동은 때에 따라 약간씩 변한다. 수학 점수가 빵점 쪽에 가까우면 나무랄 테고 100점 쪽에 가까우면 칭찬한다. 그러나 엄마의 말투나 내용은 빵점과 100점 사이에서 시소를 탈 뿐이지 거의 변화가 없다.

"넌 공부는 안 하고 도대체 뭐 하는 거니?"

"와, 우리 아들 최고!"

두 가지 중에 하나다. 그래서 같은 것이다. 변화가 없다.

만약 아이가 빵점 쪽에 더 가까운 점수를 받아왔을 때 이렇게 말하면 어떨까?

"시험 문제가 어려웠구나?"

"고민 있어? 괜찮아. 엄마한테 말해봐."

"혹시 어디 아픈 데 있어? 시험 점수는 앞으로 얼마든지 올릴 수 있지만 네가 아프면 엄마는 마음이 아파."

엄마가 이렇게 바뀌면 아이는 잠깐 어리둥절할 것이다. 하지만 이내 울먹이며 사정을 털어놓는다. 그것이 비록 변명에 불과할지라도 엄마가 열심히 귀를 기울이면, 아이와 엄마 사이에 진정한 대화가 시작되는 것이다. 이것이 '시간에 따라 속성을 다르게 하는' 방법이다. 여기서 속성은 말투, 행동, 표정, 내용 등이다.

공간에 따라 속성을 다르게 하는 것과 비교하면, 기준이 공간에서 시간으로 바뀌었을 뿐 방법은 같다. 공간은 눈에 보이고 시간은 보이지 않는다는 점만 다르다.

눈에 보이지 않지만 우리가 시간 속에서 '다르게' 바꿀 수 있는 것은 수없이 많다. 쉽게 인지하지 못할 뿐이다. 우리는 매 시간, 매 분, 매 초 이전과는 다르게 생각하고 행동할 수 있다!

그런데 우리는 그렇게 하지 않는다.

휴대전화가 울리면 일단 여보세요 하고 받는다. 과거에는 누구에게서 걸려온 전화인지 몰랐으니까 당연했지만, 이제는 발신자가 누군지 알면서도 그렇게 받는다. 친구라는 것을 알면서도, 친정어머니라는 것을 알면서도 똑같이 말한다. 이것이 나쁘다는 건 아니다. 한 번 다르게 바꿔보자는 것이다.

퇴근 무렵 남편에게서 전화 오면 보통과 다르게 전화를 받아보자.

"왜? 오늘 또 늦는다고?"

하지만 이것은 별로 다르지 않다.

"왜? 오늘 또 회식이라고?"

어제 한 말과 거의 같다.

그러지 말고 과감히 변화를 줘라.

"안주 든든히 챙겨 먹어."

이 말을 들은 남편은 감동해서 또는 놀라서 일찍 온다.

일기는 보통 밤에 쓴다. 그런데 이것을 바꿔 다음 날 아침에 써보자. '내가 어제 뭐 했더라?' 뭔가 다른 느낌이 들 것이다. 밤에 쓴다면, 생각의 순서를 바꿔 일기를 쓰기 직전에 일어난 일부터 써보자.

'남편이 잠들었는데 누운 지 채 1분도 되지 않아 코를 곤다. 오늘따라 유난히 시끄럽다. 어제처럼 콧구멍을 막아버릴까? 그래도 소용없었다. 좀 더 효과적인 방법을 연구해봐야겠다.'

우리는 매일 세 번 밥을 먹는다. 어디서 먹는가?

어떤 옷을 입고 먹는가?

항상 같다면 바꾼다.

책을 읽는다. 어디서 읽는가?

책을 왼손에 들고 오른손으로 넘기는가?

그것을 바꾼다.

순서를 바꾸고 장소를 바꾸고 심지어는 밥 먹는 시간과 책 읽는 시간도 바꾼다.

항상 같은지 돌아보고 같다면 바꿔라!

이것이 변화다!

어린이집이나 유치원으로 아이를 데리러 갔을 때, 아이가 엄마를 처음 보는 순간 아이가 뭐라고 말했는지 기억해보자. 엄마도 아이에게 뭐라고 했는지 돌아보자. 아마 대부분의 엄마나 아이가 비슷비슷할 것이다. 말의 내용이나 행동이 거의 같다.

1. 오늘은 엄마가 행동을 바꾼다. 손부터 잡았었다면 안아주고, 안았었다면 업어준다.

2. 그동안 '오늘 재밌었어?'라고 아이 기준에서 물었다면, 오늘은 '오늘따라 엄마가 너 많이 보고 싶었어.' 하면서 엄마 기준으로 말한다. 항상 엄마 기준이었다면 아이 기준으로 바꾼다.

사족이지만, 유태인 엄마가 아이에게 오늘 무엇을 배웠냐고 묻지 않고 무슨 질문을 했냐고 묻는다고 해서, 그것을 따라 할 필요는 없다. 아이는 보고 듣는 것이 모두 배우는 것이다. 그래도 아이에게 꼭 그렇게 묻고 싶다면 수시로 질문의 내용을 바꿔라. 매일 같은 걸 물으면 아이는 하지도 않은 질문까지 만들어내야 한다. 그러면 아이 머리만 아프다.

3. 아이가 '엄마 왜 늦게 왔어?' 하며 투정 부릴 때, 그저 미안하다고 답했다면 오늘은 이렇게 해보자.

"더 보고 싶어지려고 일부러 늦었지."

그리고 따뜻하게 안아주자.

시간이든 공간이든 항상 어디에서나 변화를 주자.

이렇게 하면, 자신도 모르게 변화한다.

엄마가 변하면, 아이도 변한다.

스웨덴 제약회사 아포텍 예타트Apotek Hjartat는 지하철 플랫폼에 옥외광고를 설치했다. 그런데 보통의 옥외광고와는 많이 다르다. <그림>에서 알 수 있듯이 지하철이 역사에 들어오면 '그때' 여성의 아름다운 머릿결이 펄럭인다! 마치 지하철이 일으킨 바람에 의해 머리카락이 날리는 것 같다. 어떻게 했을까?

플랫폼으로 지하철이 들어오기 전(왼쪽 그림). 지하철이 들어오자 모델의 머리카락이 아름답게 날린다(오른쪽 그림).

디지털 스크린에 초음파 센서를 설치했다. 이것이 지하철이 들어오면 그 소리를 감지해서 미리 찍어뒀던 동영상을 보여주는 것이다.

아포텍 예타트는 새롭게 출발한 헤어 제품 브랜드 아폴로소피apolosophy를 널리 알리기 위해 이 광고를 제작했는데, 이 광고는 순식간에 SNS를 통해 전 세계로 널리 퍼져나가며 성공했다. 사람들이 왜 그렇게 주목했을까?

다른 광고와 달랐기 때문이다.

여타의 옥외광고도 이렇게 움직이는 동영상은 많다. 하지만 항상 같다. 비록 그 화면의 내용이 계속 바뀐다고 하지만 그것이 일어나는 시점은 똑같다. 그런데 이 광고는 가만히 미소만 머금고 있던 여성이 '변화하는 환경에 반응'을 한다. 즉, '시간에 따른 변화'이다. 이것이 기발한 이 아이디어의 핵심이다.

동영상은 https://www.youtube.com/watch?v=gt_BeYyioKQ를 통해 볼 수 있다.

02

엄마가 만드는

아이의 미래

창의성 교육을 위한 최적기는
바로 '지금'

몇 살부터 영어 교육을 시키는 것이 좋을까?

어떤 사람들은 2~3세부터 아이에게 영어를 가르쳐야 한다고 주장한다. 사실 어느 때가 좋은지 아무도 모른다. 언어습득은 어릴 때일수록 좋다는 건 일견 맞는 말 같지만, 대신 그것을 교육받느라 사용한 시간만큼 다른 걸 배우지 못한다. 너무 일찍 글을 깨치면 그림책을 보면서 커질 상상력이 그만큼 줄어든다. 어떤 분야든 조기교육과 적기교육은 매우 신중히 판단해야지 누가 주장한다고 무턱대고 따라 할 필요 없다.

그렇다면 창의성 교육은 몇 살 때가 최적일까? 7세가 되면 우뇌의 발달이 급격히 떨어진다면서 발달 시기 등을 내세우기도 한다. 정말 그럴까? 나이가 들면 집중력과 기억력이 떨어지는 것은 사실이다. 아무리 영어 단어를 외우려 해도 잘 안 되고 냉장고 문을 열었어도 내가 왜 열었는지 잊기도 한다.

그러나 배움에 단계적 순서는 있을지언정 최적의 때는 없다. 피아노는 '학교종이 땡땡땡'이 먼저고 '베토벤'은 나중이지만 그것을 언제 가르쳐야 한다는 법은 없다. 어릴수록 좋고, 빠를수록 좋을지는 몰라도 '언제'라는 절대적인 시기는 따로 없다. 특히 창의성 교육이 그렇다.

아이가 몇 살이든, 늦은 것도 빠른 것도 아니므로 바로 '지금' 가르쳐라.

내가 1등!
역전이닷!
~썡
영재교실
Brain
우리 아들은 천재야!
빨랑 일어나 공부해.
Zz

아이가 좋아하면 무조건 밀어줘야 하나?

아이가 잘되길 바라는 부모의 마음은 같다. 의사, 변호사, 교수는 선망의 대상이다. 공무원도 인기다. 세계적인 음악가나 디자이너도 좋고 연예인도 좋다. 그것이 무엇이든, 부모는 아이가 잘되길 바란다. 그런데 무엇이 '잘된다'일까?

성공하면 따라오는 것이 있는데, 돈과 명예 그리고 권력이다.

건강이 최고다, 자기 직업에 만족하면 된다, 행복은 성적순이 아니다! 좋은 말은 많지만, 건강을 강조하는 사람을 보면 이미 많은 걸 가졌는데 몸이 아파서고, 하는 일에 만족하라는 사람은 마침 자신에 맞는 직업을 가졌고 또 그것에 만족하기에 하는 말이다. 그리고 성적이 전부가 아니라는 사람은 학창시절에 1, 2등 했던 사람이다. 공부 잘해야 한다고 드러내고 말하지 못할 뿐 자녀에게 행복은 성적순이라고 가르친다. 모두 이유가 있다. 돈 많고 권력 있고 명예로우면 좋기 때문이다. 그러니까 그토록 치열한 경쟁을 하지, 아니면 무엇 때문이겠는가?

돈 많다고 행복한 건 아니라는 말을 하려는 것이 아니다. 진정한 행복이란 무엇인가처럼 철학적인 말을 하려는 것도 아니다. 그렇다고 가장 좋은 직업은 아이의 적성에 맞는 것이어야 한다거나 좋아하는 걸 하라는 식의 당연한 말을 하려는 게 아니다. 아이가 그 직업을 택했을 때 실제로 하는 일이 무엇인지 아는 게 더 중요하다고 말하는 것이다.

아이의 꿈은 교수였다. 부모가 봐도 학자 타입이다. 모르는 게 있으면 알 때까지 묻는다. 집중력이 남다르다. 드디어 꿈에 그리던 교수가 됐다. 그런데 문제가 생긴다. 교수는 연구비 마련을 위해 설득력이 있어야 하는데 사람과 대화하는 기술은 별로다. 전공 분야의 지식은 누구보다 많이 알고 있지만 가르치는 것과 연구하는 건 또 다르다. 학생이 질문하면 그것도 모르냐는 식으로 반응한다. 이런저런 이유로 학교나 동료 교수, 학생들과의 관계는 멀어지고 학교 가는 것이 점점 싫어진다. 가상이지만, 왜 이렇게 되었을까?

어린 시절부터 꿈꾸었던 교수와 실제로 하는 일의 격차가 크기 때문이다. 같은 의사라도 내과와 정신과는 하는 일이 다르다. 성형외과는 미적 감각도 요구된다. 변호사는 법정에서 피고의 변호만 하는 것이 아니라 그것을 위해 상담도 하고 조사도 해야 한다. 컴퓨터나 휴대전화가 만들어지려면 전자공학뿐만 아니라 무기화학, 재료공학 등 다양한 분야의 사람들과도 협업해야 한다.

이처럼 좋아하는 것과 '실제'는 차이가 있다.

그렇다면 아이의 장래를 위해 엄마 아빠가 해야 할 일은 무엇일까?
할 수만 있다면, 아이에게 직접 해볼 수 있는 기회를 주는 것이 가장 좋다. 그리고 아이가 무엇을 좋아하고 무엇을 잘하는지 살펴본다. 보통 좋아하면 잘하고, 잘하면 좋아하는데 아닌 경우도 있기에 세심한 관찰이 필요하다. 무엇이든 직접 해봐야 안다.

아이를 관찰한다.
아이가 좋아하는 것을 체험해볼 기회를 준다.
아이가 그것을 정말 좋아한다.
그렇다면,
그것을 적극 밀어준다.
이 아이는 행복한 아이다.

1. 먼저 아이를 세밀히 관찰한 다음 아이에게 가르치고 싶은 것의 우선순위를 정한다. 종류는 구체적일수록 좋다. 그래야 아이는 다양한 경험을 통해 자신이 정말 좋아하는 것이 무엇인지 찾을 수 있다. 아이의 음악성이 남다른 걸 발견했다고 가정하자. 그런데 자세히 살펴보니 음감은 좋은데 박자가 약하다. 그런데도 음악을 선택한다면 이 아이는 나중에 힘들어 한다. 악기의 예를 들자면, 건반악기에는 소질을 보이지만 현악기에는 관심조차 없는 경우도 있다. 아이가 좋아한다고 해도 엄마는 다양한 측면을 구체적으로 살펴봐야 한다. 우선순위 목록이 완성되면 아이에게 묻는다. 가장 먼저 무엇을 하고 싶은지, 무엇을 배우고 싶은지?

2. 쉬운 일은 아니겠지만 할 수 있다면 아이가 해보고 싶다고 한 순서대로 배우게 하자. 태권도, 발레, 미술, 피아노, 바이올린, 드럼, 바둑 등등. 단, 몇 개씩 한꺼번에 시키는 것은 좋지 않다. 무엇을 좋아하는지 알기도 전에 아이가 지친다. 그리고 무엇이든 싫어하면 그만둬야 하는데, 그 시기를 아는 것은 쉽지 않다. 아이들은 무엇이든 쉽게 싫증을 내기 때문이다. 이때도 세밀한 관찰이 요구된다. 잘하면서도 끈기가 부족한 것인지, 정말 아이와 맞지 않아서인지 살펴봐야 한다. 배우는 과정이 재밌고 쉽기만 한 건 없다. 어느 수준 이상 올라가면 그제야 재미를 붙이는 아이도 있다.

3. 아이가 학원에서 돌아오면 되도록 많은 대화를 나눈다. 재밌어 하고 좋아하면 격려하고 칭찬해준다. 싫다면 왜 싫은지 그리고 무엇이 싫은지 물어본다. 그리고 되도

록 나무라지 않도록 한다. 아이가 잘못한 것이 있을 땐 꾸짖는 것이 맞지만, 뭔가를 배우기 싫어할 땐 다 그만한 이유가 있다. 그것이 무엇 때문인지 살펴보고 되도록 이해해준다.

우리도 공부하라 해도 안 했고 밥 먹으라 해도 과자 먹었다. 그런데 엄마 마음대로 아이에게 치과의사가 되라고 한다면, 꿈을 키워주는 것이 아니라 부모의 뜻을 강요하고 있는 것이다. 아이를 학원에 보내는 것이 부모 자신의 기대치를 실현하기 위해서가 아니라 아이가 재밌어 하고 잘하는 것을 찾기 위해서라는 것을 잊어서는 안 된다.

4. 교육적인 과학영화와 다큐멘터리를 많이 보여준다. 많이 봐야 많이 아는데, TV 드라마는 마지막 회가 아니라면 되도록 자제한다. 어른이 보면 아이도 본다. 드라마를 많이 보면 애어른 된다. 책 읽는 부모 곁에서 자란 아이가 책을 좋아하듯이 아이는 보고 들은 건 금방 배우고 따라 한다.

5. 잠자리에서 책을 읽어주는 건 더할 나위 없이 좋다. 그런데 단순히 읽어주는 걸로 끝내지 말자. '만약 늑대가 한 마리 더 있었다면 어떻게 되었을까'처럼 상황이나 설정을 바꾼다. 그러면 아이는 생각하기 시작한다. 이렇게 이야기를 바꾸며 아이와 함께 새로운 이야기를 만들어가는 것이 상상력을 키워주는 지름길이다.

아이는 원하는 걸 찾으면, 꿈을 꾸기 시작한다. 아이는 그것을 이루기 위해 많이 묻고 스스로 이것저것 알아본다. 이걸 다른 말로 탐구라고 하는데 드디어 아이에게 관심 분야가 생긴 것이다. 그러면 하지 말래도 남다른 노력을 하게 된다.
좋으니까, 행복하니까! 꿈이 뭐냐고 묻지 말고, 꿈을 꿀 수 있도록 해주는 것!
이것이 부모가 할 일이다.

관찰력은
상상력을 위한
필수 요소

사람은 보고 싶은 것만 본다고 한다. 이럴 것이다 또는 이래야 한다! 이미 마음속으로 바라거나 판단한 것을 기준으로 본다는 말이다.

횡단보도에 빨간불이 켜져 있는데도 개의치 않고 건너는 사람을 보자. 사고 나면 어쩌려고 저러지? 저 사람은 다른 규칙도 어길 거야. 이렇게 생각하는 사람이 있다. 급한 일이 있나? 나도 저런 적 있으니 욕하지 말자며 이해하는 사람도 있다. 물론 나도 따라 건너야지 하는 사람도 있다. 모두들 살면서 느끼고 겪었던 경험에 의해 자신도 모르는 기준을 정해 놓고 그에 따라 판단한다.

문제는 그것이 틀렸을 때 발생한다. 그리고 종종 틀린다. 드문 경우겠지만, 신호등이 있는지도 모르고 아무 생각 없이 건너는 경우도 있다. 당사자에게 직접 물어보기 전에는 왜 그랬는지 알 수 없는데, 우리는 이렇다 저렇다 또는 이럴 것이다 저럴 것이다 판단해버린다.

하지만 아이는 다르다. 아직 경험이 많지 않다. 보이는 대로 본다. 바로 이때다! 관찰력을 키워줄 최적의 시기는 바로 아이일 때다. 만약 이때를 놓치면? 아이는 우리처럼 보고 싶은 것만 보는 사람이 되고 만다.

커서는 관찰할 생각도 여유도 없다. 그래서 대부분의 부모들은 관찰력을 별로 대수롭지 않게 생각한다. 하지만 관찰이야말로 상상력을 촉발시키는 필수 요소다. 상상이란 것도 사실은 눈으로 봤던 것을 기준으로 하기 때문이다.

머리에 뿔이 한 개 달린 괴물을 상상해보자. 아마도 별로 어렵지 않게 떠올릴 수 있을 텐데, 이런 괴물은 한 번도 본 적이 없지만 상상이 가능하다. 왜 그럴까? 사실은 본 적이 있기 때문이다. 비록 뿔이 한 개는 아니지만 황소를 봤고, 황소의 뿔 두 개 중에 한 개를 없애고 위치를 가운데로 옮기면서 쉽게 상상할 수 있었다. 이처럼 상상의 가장 기본적인 토대는 관찰력이다.

어릴 때 형성된 관찰력은 일종의 습관으로 평생 간다. 그러므로 아이 때 관찰력을 키워주는 것이 매우 중요하다. 어떻게 하면 내 아이의 관찰력을 키울 수 있을까? 무엇보다 엄마가 먼저 관찰을 시작하면 된다! 아주 쉬운 일이다!

1. 아이와 함께 시장에 간다. 은행이나 놀이터도 좋다. 엄마는 거기에 무엇이 있는지 꼼꼼히 관찰하고 그것들을 적어놓는다. 일부러라도 '아이의 눈'이 되어 관찰한다. 특히 아이가 관심 두지 않을 것으로 예상되는 것들을 살펴본다. 평범한 것들도 빠짐없이 모두 적는다. 특별한 것과 관심 있는 것들은 누구나 본다.

집으로 돌아온 뒤 아이에게 무엇을 보았는지 물어보자. 그냥 뭘 봤냐고 묻지 말고, '길에 떨어진 과자를 물고 가는 개미 봤어?'처럼 아이가 쉽게 답할 수 있는 것을 묻는다. 봤다고 대답하면 이렇게 물어보자. 다음에도 거기에 있을까, 우리 또 보러 갈까, 길바닥에 과자부스러기가 없으면 개미는 어떻게 될까? 아이가 이야기를 이어갈 수 있도록 묻는 것이다.

만약 못 봤다고 대답하면 이때야말로 기회다. 못 봤구나, 엄마는 봤는데 개미 힘이 엄청나더라면서 호기심을 유발한다. 그러면 아이는 다음 번 시장에 갔을 때 길바닥에서 개미만 찾게 된다. 이것이 새로운 것에 관심을 갖게 되는 관찰의 시작이다. 단, 엄마가 못 본 것을 거짓으로 꾸며내서는 안 된다. 거짓은 반드시 들통나게 되며 아이의 신뢰를 잃는다.

반대로 엄마는 보지 못한 걸 아이가 봤다면, 엄마는 못 봤는데 우리 ○○ 정말 대단하다며 크게 칭찬해준다. 그런 게 있었어? 어디서 봤어? 그리고 어떻게 됐느냐며 질문을 이어나간다. 아이는 신이 나서 다음번엔 좀 더 많은 것을 관찰하게 된다.

2. 밥 먹는 시간을 활용한다. 아이는 좋아하는 반찬만 먹으려고 한다. 아이에게 멸치를 많이 먹어야 뼈가 튼튼해진다고 잔소리해봐야 소용없다. 이럴 때 엄마는 자신이 어떤 식습관을 갖고 있는지 돌이켜봐야 한다. 혹시 아이처럼 편식을 하지 않았을까? 엄마가 먼저 골고루 먹으면 아이는 자연스레 따라 한다. 아이가 멸치를 싫어한다면 멸치에 관심을 갖도록 우회적으로 유도한다. 멸치는 어떻게 생겼을까? 무슨 맛이 나기에 아빠는 멸치를 좋아하지? 와, 이 눈 좀 봐라! 몸에 비해 엄청 크다! 아빠도 거든다. 상어 배 속보다 내 배 속이 더 좋은가 봐. 자꾸 내 배 속으로 들어오려고 해. 그런데 멸치 몸은 왜 이렇게 작지?

일상생활에서 관찰력을 키울 수 있는 소재는 널려 있다. 반찬뿐 아니라 의자도 좋고 양말도 좋고 휴지통도 좋다. 이건 왜 이렇게 클까, 왜 이렇게 생겼지 등의 질문을 하며 이야기를 이어간다. 우유팩은 왜 네모일까? 우유는 왜 하얀색이지? 딸기우유에는 딸기가 얼마큼 들어 있을까?

3. 아이와 함께 식탁에서 게임을 한다. 엄마는 밥풀이 묻은 숟가락과 깨끗한 숟가락을 가져오고 아이에게는 사과 한 개를 갖고 오도록 한다. 엄마는 게임 시작 전에 미리 벌레 먹거나 흠집이 있는 사과들을 준비해놓는다. 아빠는 책을 준비하고 앞면이 보이도록 식탁 위에 올려놓는다. 그리고 세 명 모두 종이 한 장씩과 볼펜을 나눠 갖는다. 이제 식탁 가운데에는 숟가락 두 개, 사과 한 개 그리고 책 한 권이 놓여 있다. 엄마가 게임의 시작을 알린다.

"지금부터 10초 후에 이것들을 신문으로 덮을 거야. 그러면 무엇이 있었는지 기억해서 각자 종이에 그림을 그리는 게임이야. 빠짐없이 모두 그린 사람이 왕이다. 왕이 결정되면 오늘은 무조건 왕이 하자는 대로 하는 거다. 자, 시작!"

사물의 종류가 많지 않으므로 세 사람 모두 거뜬히 그려낸다. 하지만 미리 자세히 관찰한 엄마는 좀 더 세밀한 부분까지 그려 넣는다. 숟가락에 묻은 밥풀, 사과의 벌레 먹은 부분이나 흠집들, 책은 표지 디자인까지 그린다. 엄마의 그림에 비해 아빠와 아이의 그림은 덜 세밀할 수밖에 없다. 따라서 엄마가 왕이 된다. 아이에게는 '엄마가 가장 빠진 것 없이 그렸기 때문'이라는 설명을 꼭 해준다. 아빠도 엄마의 말에 동의하면서 왕이 하자는 대로 멸치 많이 먹기 명령에 따르자고 한다. 억울한 아이는 규칙이 구체적이지 않았으므로 다시 하자고 조를 것이다. 다시 게임을 시작하면 아이는 당연히 처음보다 훨씬 더 세밀한 곳까지 관찰하게 된다.

4. 숟가락, 사과, 책뿐만 아니라 그릇, 컵, 시계 등으로 물건을 바꾸고 추가하여 '10초 게임'을 점차 확대한다. 물건은 10개 이내 정도가 좋다. 이 게임은 하면 할수록 관찰력은 물론 기억력도 함께 자란다. 세세한 설정은 엄마 마음대로다.

5. 아이와 함께 버스를 탄다. 지나치는 사물들 중 노란색만 찾기, 모자 쓴 사람 먼저 발견하기, 버스 안에서 아빠와 가장 닮은 사람 찾기 등등 때와 장소에 따라 특정한 것을 찾아내는 놀이를 한다.

6. 일기를 쓴다. 그런데 일반적인 일기가 아니다. 엄마는 아이의 일기를 쓰고, 아이는 엄마의 일기를 쓴다. 이때 엄마는 아이의 행동을 세밀하게 관찰하고 쓴다.
'오늘 유치원에서 무슨 일이 있었는지 모르지만 입도 볼도 살짝 튀어나왔다. 아무래도 볼은 평소보다 1센티미터는 더 나온 것 같다. 놀이터에서 놀았는지 엄지손톱에는 흙이 묻어 있다. 하지만 그 모습이 더 귀엽다.'
이처럼 외모나 감정 표현을 써도 좋다.
'엎드려 그림 그릴 땐 항상 왼발을 들고 그린다. 그래서인지 오늘 그림은 더 예쁘다.

그림은 온통 노란색이다. 노란색을 좋아하나보다. 그런데 하늘은 초록색이다. 피카
소보다 낫다'

이렇게 아이의 행동을 써도 좋고 그것의 결과를 써도 좋다. 중요한 건 사소한 것도
놓치지 않고 쓰는 것이다.

그런데 막상 일기를 써보면 알겠지만 '더 귀엽다, 예쁘다, 그래서 속상했다' 같이 자
꾸 엄마 자신의 감정과 시각이 주가 될 것이다. 그래도 상관없다. 계속 써보자. 남의
일기를 내가 쓴다는 게 어디 쉬운 일인가.

아이가 쓰는 일기 내용은 짐작이 간다. '엄마는 아빠가 늦게 오신다고 화를 냈다. 방
정리를 안 했다고 또 화를 냈다. 하루 종일 전화만 했다. 매일 학원에 가라고만 한다.'
짧고 단순한 글쓰기일 것이다. 또한 '엄마 일기'를 쓰라고 했지만 보나마나 아이 자신
의 기분에 대해 쓸 것이다. 당연하다. 고쳐주지 말고 그냥 쓰고 싶은 대로 쓰게 둔다.

일주일이 지나면 서로의 일기를 바꿔서 읽어본다. 아이는 자신에 대해 놀랍도록 자
세하게 쓴 일기를 보고 감동할 것이다. 엄마의 사랑을 느낄 뿐 아니라 이것저것 배우
게 된다. 피카소가 누구야? 내가 정말 그렇게 귀여웠어? 엄마 사랑해. 아이의 마음
이 행복해진다.

이렇게 일기를 바꿔 쓰면 문장력도 눈에 띄게 발전한다. 비단 아이뿐 아니다. 엄마
도 저절로 맞춤법에 맞춰 쓰게 된다. 아이에 대해서 몰랐던 것도 알게 된다. 만약 아
이가 아직 한글을 모르면 그림일기도 좋다.

무엇이든 자꾸 보고 생각할 수 있는 기회를, 이야깃거리를 만들어줘라. 아이는 제일
먼저 엄마한테서 보고 듣고 배운다. 아이에게는 엄마가 최초의 선생님이다.

질문은 확인이 아니다

"포유류란 젖을 먹는 동물을 말해."

"물속에 살면 어류, 하늘을 날면 조류로 분류하지."

"이건 고래고 이건 박쥐야."

"고래는 물속에 살지만 포유류고, 박쥐도 날개가 있지만 포유류야."

"알았지?"

질문은 간단할수록 좋다. 하지만 '알았지?'는 질문이 아니다. 이것은 알아야만 한다는 강요이고 정말 알아들었느냐는 의심이다. 강요해서 제대로 되는 건 없다. 하지만 인내심처럼 약간의 강제성 없이 키워주기 어려운 품성도 있다. 이런 경우에는 왜 그래야만 하는지를 이해시키는 설명과 설득에 공을 들여야 한다. 아이가 알아듣지 못했다는 의심이 들면, 세심하게 돌아봐야 한다. 아이가 다른 생각을 하고 있어서 못 알아듣는 것과 알아듣지 못하도록 설명한 것과는 다르기 때문이다. 아무리 설명을 잘해도 마음이 딴 데 가 있으면 알 수 없고, 아무리 잘 들어도 도저히 알 수 없게 설명한다면 뛰어난 아이라도 알아듣지 못한다.

며칠이 지나면 엄마는 아이가 정말 알아들었는지 궁금해진다. 그래서 다시 묻는다. 보통 엄마는 이것을 질문이라고 생각한다.

"포유류가 뭐지?"

"물속에 살면 뭐라고 하지?"

"고래는 포유류일까, 어류일까? 그리고 박쥐는?"

이것은 질문이 아니다. 의미 없는 확인이다.

아이와 입장을 바꿔놓고 생각해보자. 아이는 태어나서 처음 포유류라는 단어를 들었고, 포유류란 젖을 먹는 동물이라고 배웠다. 며칠 후 포유류가 뭐냐고 묻는다면 기억할 수 있겠는가? 그래도 아이는 기억해보려고 애를 쓴다. 뭔가 먹는 동물이라고 한 것도 같고 고래도 떠오르고 박쥐도 떠오른다. 그런데 사실 고래도 박쥐도 그림으로만 봤지 실제로는 한 번도 본 적이 없다. 배트맨의 옷에 그려진 박쥐만 자꾸 눈앞에 어른거린다. 아이는 머뭇거린다. 엄마는 이내 한숨을 쉰다.

"너는 엄마가 말할 때 도대체 정신을 어디에 두고 있었니?"

아이는 풀이 죽는다. 사랑하는 엄마를 슬프게 했다는 생각이 든다.

'어떡하지? 큰일 났다!'

드디어 시험과 점수가 등장한다.

1. 다음 중 '포유류'는 어느 것일까요?

① 포악한 종류

② 젖을 먹는 동물

③ 포획한 동물

④ For you

2. 박쥐는 다음 중 어디에 속할까요?

① 포유류

② 조류

③ 만화류

④ 어류

아이는 더 헷갈린다. 포악한 동물도 포유류 같긴 한데 아무래도 함정 같다. 영어도 조금 배웠는데 'For you'는 '포 유'라고 읽는다. 그래서 눈 딱 감고 이걸 찍었다. 박쥐는 만화에서 많이 봤다. 이건 자신 있다.

답은 ③번 만화류다. 그래서 다 틀렸다.

엄마가 불같이 화를 낸다.

엄마!
왜 둘이서만
사진 찍었어?

왜 나만 빼놨어?
아, 결혼식 사진이잖아!

그땐 네가 없을 때였어.
왜? 나 맨날 엄마랑
같이 있었는데?

♀+♂
그건 말이야...

이제 알겠지?
응!

그러니까
나랑 다시 여기
가서 사진 찍자!
이건 어떻게
설명해주지?

왜? 왜 안 돼?
왜? 왜?

엄마 바쁘니까
이따 아빠 오시면
물어봐!

질문은 대화다

몰라서 하는 질문도 있지만 따지는 질문도 있다. '질문을 하라'고 할 때의 질문은 모르면 물으라는 말인데, 우리는 묻는 데 익숙하지 않다. 부모세대는 그렇게 자랐다. 그러면서 유태인식 토론 문화를 강조한다.
토론 문화가 좋아 보여도 실제 속을 들여다보면 좋은 것만 있는 건 아니다. 무엇보다 우리와는 문화가 다르고 환경이 다르다. 그들은 그들만의 역사가 있고 우리는 우리만의 역사가 있는데, 경쟁적으로 무작정 따라 해 봐야 싸움만 난다.

무엇을 '토론'이라고 정의하느냐에 따라 달라질 수도 있지만, 어른들의 토론은 싸움이 되는 경우가 많다. 토론을 하면 이겨야 한다고 생각하기 때문이다. 토론은 논리적인 반박을 통해 상대방의 의견에 문제가 있으면 그것을 지적하는 것이 맞다. 그런데 논리적인 반박이 아니라 경쟁에서 이기고 봐야 한다는 욕심이 앞선다. 상대방도 마찬가지다. 따라서 싸움이 날 수밖에 없다. 아이들에게 올바른 질문과 토론에 대해 알려주고 싶어도 부모가 모범을 보일 수 없다. 부모는 이미 기성세대 교육에 익숙하다. 이것이 현실이다. 그렇다면 어떻게 아이들을 가르쳐야 할까?
최선의 방법은 '대화'다. 질문도 대화처럼 해야 한다는 것을 꼭 기억하자.

1.

"고래는 어류가 아니라 포유류야. 왜냐하면 젖을 먹기 때문이야. 이것 봐, 젖 보이지? 너도 이거 먹고 자랐어. 엄마 젖 만져볼래?"

이렇게 물으면 아이가 반응하게 된다.

"싫어, 내가 어린앤 줄 알아?" 혹은 "좋아, 나 오늘은 엄마 젖 만지면서 잘래."

만약 집에서 기르는 개나 고양이가 있다면 직접 보여주어도 좋다.

"여기 봐, 젖 보이지? 강아지나 새끼 고양이도 태어났을 땐 여기에 입 대고 젖을 먹었어. 그러니까 개나 고양이는 모두 포유류야. 그런데 고래도 이렇게 젖을 먹어. 그러니까 고래는 물속에 살지만 포유류야."

중요한 건 직접 보여주거나 대답할 수 있도록 묻는 것이다. 이것이 질문이고 대화다. 포유류라는 단어는 아직 몰라도 좋고 기억하지 못해도 좋다. 이렇게 대화를 하고 나면 아이가 '고래는 젖을 먹는다'는 건 절대로 잊지 않는다. 따라서 나중에 젖을 먹는 동물을 포유류라고 배우게 되면 고래는 포유류라는 것을 저절로 알게 된다.

젖을 먹는 동물을 포유류라고 한다.

고래는 젖을 먹는다.

따라서 고래는 포유류다.

이것이 논리다. 아이는 지금 대화를 통해 용어만 모를 뿐 논리적 사고도 함께 배우고 있다.

2.

"어? 근데 고래는 왜 팔다리가 없지? 어디로 갔을까?"

엄마가 아이에게 묻는다. 잠시 생각하던 아이가 이렇게 되물을 수도 있다.

"상어가 먹었나?"

아이는 재밌으면 계속 쉬지 않고 질문을 한다. 호기심 때문이다.

엄마의 대답이다.

"맞아! 상어가 먹었나봐."

이렇게 맞장구를 쳐도 좋다. 아이의 생각을 존중해주는 것이 대화다. 혹시라도 자신이 지금 엉터리로 가르치고 있는 건 아닐까 걱정스럽다면 그건 기우에 불과하다. 이런 대답에 맞고 틀리는 건 없다. 아이와의 공감 어린 대화가 중요하다.

엄마가 과학적 상식이 있다면 제대로 답해주어도 좋다. 고래는 물속에서 살아야 하니까 팔다리가 퇴화되어 지느러미로 변한 거라고. 그러면 아이가 또 물을 것이다.

"퇴화가 뭐야?"

"퇴화라는 건 말이야, 음…… 우리 함께 찾아볼까?"

엄마와 아이가 함께 이 책 저 책 뒤적이면 더 좋다.

이렇게 대화하면서 함께 알아가는 것이 질문이다.

3.

어느 순간 반드시 대답하기 어려운 질문이 튀어나온다. 이런 질문에는 어김없이 '왜'가 등장한다.

"근데 고래는 왜 물속으로 들어갔어?" 혹은 "고래는 왜 물속에서 살아?"

이제 뭐라고 답하겠는가?

"그걸 내가 어떻게 아니?"

이러면 끝이다!

대신 이렇게 말해보자.

"고래한테 물어볼까? 고래야 고래야, 너는 왜 물속에 들어갔니?"

'왜'가 많아지기 시작하면, 드디어 호기심이 왕성한 '미운 네 살'이 되었다는 증거다. 따라서 박수 치고 기뻐할 일이지 회피하거나 도망칠 일이 아니다. 아이는 개인차나 환경에 따라 미운 나이가 다르다. 과거에는 '미운 일곱 살'이었다. 남의 아이와 비교해서 늦다고 걱정할 필요가 전혀 없다. 그리고 대기만성형의 아이는 뭐든지 늦다. 커서 천재성이 발현되는 아이도 많다.

그런데 어째서 '미운 네 살'이라고 할까?

엄마가 아이의 엉뚱한 질문에 척척 대답할 수 있을 만큼 알지 못해 곤혹스럽기 때문이다. 다들 먹고사느라 바쁘다. 많이 알기 위해 많이 공부하는 것이 좋긴 하지만 현실적으로 그럴 여유가 없다. 또 아무리 공부해도 대답할 수 없는 것들은 수없이 많다.

그런데 호기심이 폭발한 아이는 꼭 엄마가 대답할 수 없을 때까지 묻고 또 묻는다.

그렇다면? 엄마도 비장의 무기를 갖고 있어야 한다.

이 무기는 어떤 질문에도 끄떡없다.

그것은 바로 아이의 질문에 답해 엄마가 다시 '왜 그럴까'라고 되묻는 것!

고래에게 묻는 것도 하나의 방법이지만, 고래는 대답하지 않는다.

엄마는 아이가 대답할 수 있는 걸 묻고 또 아이가 다시 물을 수 있도록 질문하라!

'왜'가 나오더라도 도망가지 마라. 잘 모르더라도 화내지 마라.

환하게 미소 지으며 아이에게 되물어라!

그러면 아이는 자기가 상상한 대로 맘껏 꾸며 대답한다.

이것이 아이의 상상력을 키우는 비법이다. 질문은 대화라는 것을 잊지 말자.

호기심을 키워주는 놀이

호기심이란 다르거나 새로운 것에 끌리는 마음이다. 무엇이든 처음 보면 무엇인지 궁금해 한다. 이미 알고 있던 것이라도 모양이나 크기, 색깔만 달라져도 다시 궁금해진다. 그리고 그 이유를 기어이 알아내고야 만다. 이런 경향이 강하면 강할수록 호기심이 많다고 한다. 인류의 발전은 호기심 때문이라고 해도 과언이 아니다. 호기심은 인간이 지닌 매우 중요한 특성이다.

동물에게도 호기심은 있다. 고양이는 처음 보는 물건이 눈앞에 있으면 우선 한 손으로 톡톡 쳐본다. 아무런 반응이 없으면 돌아서지만 공처럼 움직이는 건 화들짝 놀라서 피하다가도 별것 아니라는 판단이 서면 그것을 이리저리 갖고 논다. 이런 점은 동물이나 인간이나 유사하다. 그런데 인간에게는 이 호기심을 발전시켜 원인을 분석하고 새로운 결과를 만들어내는 위대한 능력이 있다.

아기는 어떨까?

아기의 호기심은 동물보다 적거나 아예 없다. 아기는 무엇이든 손에 잡히면 입에 넣는다. 호기심이 아니라 본능 때문이다. 아기는 아직 할 줄 아는 것이 별로 없다. 먹는 것, 우는 것, 잠자는 것밖에 하지 못한다. 그래서 아기에게는 보호자인 엄마가 꼭 필요하다.

아기의 호기심은 아기와 함께 쑥쑥 자란다. 무언가 잡히면 만져보고 이가 없는 잇몸으로 씹어도 본다. 어른이 '지지' 하고 뺏으면 뭐가 잘못됐는지 깨닫는 게 아니라, 눈을 크게 뜨고 몹시 놀란다. 기분도 나빠 한다. 왜 뺏는지 이해할 수 없기 때문이다. 드디어 '이게 뭔데?'와 '왜'가 시작되는 것이다.

이처럼 인간은 탄생과 동시에 호기심을 키워온 존재다. 그 호기심을 채워주는 것이 교육이다. 없던 호기심도 교육에 따라 활발하게 생길 수 있다. 어릴 때 교육 방법이 정말 중요한 것도 이 때문이다.

'나는 생각한다. 고로 존재한다.'

그런데 청소년이 되면서 호기심이 점점 사라진다. 그 많던 호기심은 대체 어디로 간 걸까? 나랑은 상관없다며, 알고 싶지도 않다며 궁금증을 외면한다. 아예 모르는 게 낫다며 포기한다. 학교 공부도 '왜' 없이 달달 외워버리기 일쑤다.

남으로부터 평가받는 것이 두렵기 때문이다. 그것도 모르냐며 핀잔 듣는 것이 싫어서다. 쓸데없는 것에 신경 쓰지 말고 공부나 하라고 해서다. 왜 이런 수학 공식이 만들어졌는지는 몰라도 외우기만 하면 기본 점수는 나와서다.

결국 대학에도 질문이 없고 강의실은 조용하다.

호기심을 키워주는 것도 어른이지만 그것을 빼앗는 것도 어른이다. 따라서 엄마에게는 아이의 호기심을 지켜주고 키워줄 책임이 있다. 아이가 마음껏 궁금해 하고 상상할 수 있도록 자연스럽게 기회를 주자.

우리가 알고 있는 '스무고개'와 '끝말잇기' 놀이를 한다. 특히 단순한 끝말잇기가 아닌 (   )놀이를 하면 호기심은 물론 언어구사 능력까지 눈부시게 발달한다.

스무고개

스무고개는 스무 번의 질문을 통해 점점 범위를 좁혀가며 답을 알아맞히는 놀이다. 문제를 낸 사람은 네 또는 아니오로 대답할 수 있는데, 아이와 할 때는 굳이 그럴 필요 없다. 아이의 수준에 따라 적절히 힌트를 주는 것이 좋다. 아이의 호기심과 사고력을 키우기에 이만한 놀이도 없다. 아래 문제의 답은 '호랑이'다.

엄마 : 동물이야.

아이 : 고래! (방금 전에 고래에 관한 책을 봤다.)

엄마 : 땡! 19고개 남았어.

아이 : 포유류야? (아이는 순진하다.)

엄마 : 응. 18고개 남았어.

아이 : 박쥐! (역시 아이는 순진무구하다.)

엄마 : 땡! 17고개 남았어.

아이 : 근데, 포유류 맞아? (물었는데 또 묻는다.)

아이 : 안 돼. 이건 빼야 해! (아이는 억울하다.)

이때가 중요하다. 규칙은 규칙이라며 고개 수를 줄여나갈 것인가, 아니면 아이가 원하는 대로 질문 횟수에서 빼 줄 것인가? 고민할 것 없이 아이의 요구대로 빼주기를 권한다. 놀이는 무엇보다 재밌어야 한다. 스무고개도 마찬가지다. 답을 찾아가는 재미, 궁금증이 하나씩 풀려가는 재미, 엄마를 이길 수 있다는 재미! 그런데 안 된다고 정색을 하면 아이는 재미를 느끼기도 전에 억울해서 그만둔다.

엄마 : "알았어, 알았어. 마음씨 고운 엄마가 이번 한 번만 봐준다. 17고개 남았다."

그런데 왜 하필 스무고개일까? 열 개일 수도 서른 개일 수도 있을 텐데, 예로부터 전해오는 놀이는 스무 개다. 문제가 무엇이든 열다섯 고개쯤 넘어가면 어느 정도 답의 윤곽이 드러나고 대부분 스무고개 때 맞히기 때문이다. 따라서 이 놀이를 할 때는 아이가 스무 번 안에 맞힐 수 있도록 중간 중간 힌트를 주면서 진행하는 것이 중요하다. 끝까지 맞히지 못하면 재미없어 한다.

제시하는 문제는 아이의 어휘력과 연령 등을 고려하여 정한다. 아이가 어리면 어릴수록 집 안에 있는 물건이나 눈으로 보고 만질 수 있는 것을 문제로 정하는 것이 좋다. 아이들은 대개 상상을 하면서 질문하기보다는 눈에 보이는 것을 기준으로 묻기 때문이다.

아이 : 우리 집에 있는 거예요?

만약 아이가 어려서 스무고개까지 가기 벅차다면 열고개로 바꾸고 열 번 이내에 맞힐 수 있도록 힌트를 준다. 집에 있는 곰 인형을 문제로 설정했다면, 지금 이 방에 있다거나 네 방에 있다는 걸 알려줌으로써 답의 범위를 좁혀주는 것이다. 만약 아이가 곰 인형을 안고 있다면, 여기서 세 걸음 안에 있다고 힌트를 줘야 한다. 네가 지금 안고 있다고 단박에 맞히도록 알려주면, 시시하다고 더 이상 하지 않는다. 따라서 아이에 따라 힌트의 정도를 엄마가 조절한다. 엄마가 네 방에 있다고 대답했는데, 아이가 자기 방으로 가보자고 하면 기꺼이 따라가 준다.

끝말잇기

1. 매주 토요일 아침에는 끝말잇기 놀이를 해보자. 그런데 이 끝말잇기는 말로 하는 것이 아니라 글자로 적으면서 한다. 단, 다섯 번째와 여섯 번째 단어는 아래의 예시처럼 괄호를 남긴 채 건너뛰고 그 다음을 적는다. 괄호에 들어갈 단어를 맞히는 놀이다. 엄마부터 시작한다.

처음에는 우리가 알고 있는 보통의 끝말잇기부터 시작한다. 그리고 아이가 제법 단어를 이어가면 그 다음에 (　　)를 비워두고 맞추는 새로운 끝말잇기를 해 난이도와 재미를 더한다. 아이가 한글을 쓸 줄 모르면 엄마가 대신 적어준다.

예 : 냉장고 – 고구마 – 마차 – 차이 – (　　　　) – (　　　　) – 심장

먼저 엄마가 냉장고라고 말하고 적는다. 그러면 아이가 고구마라며 적는다. 그러면 엄마는 마차 하며 적고, 아이는 차이라고 적는다. 여기까지는 보통의 끝말잇기와 같다. 다른 건 여기부터인데, 엄마는 머릿속으로 차이 다음을 생각한다. 예를 들면 이

불 – 불조심 – 심장이다. 생각이 끝나면 (   ) – (   ) – 심장을 적는다. 그리고 '이불'
과 '불조심'은 아무도 모르는 곳에 적어놓는다. 이것을 아이가 맞히는 놀이다. 답은
잠자기 전까지 맞추기로 한다.

물론 엄마가 적어놓은 것과 달라도 앞뒤가 맞으면 당연히 답이다.

답을 모르겠으면 아빠한테 물어봐도 좋다고 하는데, 적어도 점심때까지는 혼자 힘
으로 해보라고 한다. 아이보다 더 못하는 아빠도 많다. 답은 잠자기 직전에 알려준
다. 아이는 궁금해 죽는다.

2. 엄마 아빠 아이, 셋이서도 해본다.

**예 : 수학(엄마) – 학교(아이) – 교장(아빠) – (   ) – (   ) – 인간(엄마) –
(   ) – (   ) – 수박(아이) – (   ) – (   ) – 진학(아빠) ……**

엄마는 아빠와 아이가 낸 문제를 맞히고 아이는 엄마와 아빠가 낸 문제를, 아빠는
엄마와 아이가 낸 문제를 맞힌다. 답은 저녁 먹을 때 동시에 공개한다.

엄마가 낸 문제의 답 : 장군, 군인
아이가 낸 문제의 답 : 간장, 장수
아빠가 낸 문제의 답 : 박사, 사진

답은 놀이의 이해를 돕기 위한 예시일 뿐, 얼마든지 다른 것도 가능하다.
아이는 물론 아빠의 꺼졌던 호기심도 살려내는 재미있는 놀이다. '맞힌 사람의 어깨
주물러주기'와 같은 혜택을 주면 더 재밌다.

오른손잡이가 유리할까?

왼손잡이가 많을까, 오른손잡이가 많을까? 적어도 우리 주위에는 오른손잡이가 많다. 야구선수들을 보면 알 수 있다. 왜 그럴까? 과연 자연스러운 결과일까? 혹시 아이가 오른손잡이로 크도록 어른들이 인위적으로 만든 게 아닐까? 아이를 꼭 오른손잡이로 키워야 할까? 또 이미 어느 쪽이든 한쪽 손잡이가 되어 있다면 어떻게 하는 것이 좋을까?

왼손의 '왼'은 왼쪽을 이를 때 사용하는 관형사로 한자는 좌左, 영어는 left이다. 그런데 '외다'라는 형용사를 사전에서 찾아보면, '물건의 좌우가 바뀌어 불편하다거나 비뚤어지거나 꼬이다'라고 설명한다. 왼손의 '왼'에는 이미 비정상이란 뜻이 내포되어 있는 것이다. 그렇다면 왼쪽/오른쪽이란 말이 생겨난 그 옛날부터 부모의 마음은 정해진 셈이다. 누구라도 내 아이가 불편하거나 비뚤어졌다는 뜻을 지닌 왼손잡이가 되기를 원치 않았을 테니까. 따라서 오른손잡이가 압도적으로 많은 것은 자연적인 결과가 아니라 인위적으로 그렇게 키웠다는 추측이 가능해진다.

서양은 어떨까?

우리보다는 왼손잡이가 많아 보이지만 역시 오른손잡이가 많다. 오른쪽을 뜻하는 영어인 right를 보면 '옳다'라는 뜻도 갖고 있다. 동서양을 막론하고 오른쪽을 '옳은 쪽'으로 생각해왔다는 것을 알 수 있다.

과연 오른손잡이가 유리할까?

가위질할 때, 기타를 칠 때처럼 물건의 방향이 오른손잡이에 맞춰져 있는 경우 말고는 딱히 유리할 게 없다. 왼손잡이도 특별히 불리할 게 없다. 기타의 경우 왼손잡이용 기타를 따로 구입하면 된다. 세계적인 기타리스트 지미 헨드릭스Jimi Hendrix는 왼손잡이다.

아이들은 종종 왼쪽 오른쪽 신발을 바꿔 신는다. 왜 그럴까? 왼쪽 오른쪽을 몰라서일까? 신발은 왼쪽과 오른쪽이 뚜렷이 구분된다. 발이 그렇게 생겼기 때문인데 아이들도 이걸 안다. 신어보면 쏙 들어가기 때문에 모를 리 없다. 그런데도 거꾸로 신는다. 왜 그럴까? 아이들만의 특별한 이유가 있는 건 아닐까?

좌우를 바꿔 신으면 신발이 발에 딱 붙는 느낌이 든다. 비록 발가락 부분은 좌우가 바뀌었으므로 공간이 많이 생길지라도 발의 중간 부분은 헐겁지 않으므로 꽉 끼게 된다. 신발과 발이 한 몸같이 붙어 앞뒤나 좌우로 움직이지 않는다. 아이들은 이 느낌이 편하고 좋은 것이다. 그래서 좌우를 바꾸어 신는다. 신발이 자기 발보다 넉넉할 경우 양쪽을 바꿔 신는 경향이 두드러지는 것도 이 때문이다.

이렇듯 알고 보면 아이는 나름 이유가 분명한 경우가 많다. 하지만 정작 왜 저러는 걸까 하고 깊이 생각해본 부모는 많지 않을 것이다. 이제부터는 무턱대고 틀렸다고 나무라기 전에 아이의 입장이 되어 생각해보자. 왼손 오른손도 마찬가지다. '같다/다르다'의 차이일 뿐 좋고 나쁜 건 없다. 따라서 답은 내버려두는 것이다. 단, 지금부터 다른 쪽 손도 자주 쓰도록 이끌어주면 분명히 지금보다 창의적인 아이가 된다. 다른 쪽 손을 사용하면 평소 사용하지 않던 뇌의 일부를 사용하게 되니까. 사용하지 않던 뇌를 사용한다는 건 그만큼 자극을 주어 그것이 발달된다는 걸 의미하기 때문이다.

우리의 뇌는 정말 대단하다. 창의력, 암기력, 이해력, 분석력 등등 우리가 말로 표현할 수 있는 모든 사고를 담당할 뿐만 아니라 쓰면 쓸수록 그 능력이 점점 커진다.

물론 자주 사용해야 커진다!

엄마가 할 일

1. 오른손잡이를 기준으로 이야기한다. 일주일에 한 번, '왼손으로 밥 먹는 날'을 정한다. 엄마 아빠도 함께한다. 만약 아이가 매우 싫어한다면 미련 없이 관둔다. 싫어서가 아니라 어려워하기 때문이라면 계속 진행한다. 사용하지 않던 손을 쓰니까 어려운 건 당연하지만 보람된 결과를 보여주면 어려워도 재밌어 할 수 있기 때문이다. 예를 들어, 반찬 중 콩자반이 있다면 그것을 가장 많이 떨어뜨리는 사람이 저녁 설거지 담당을 한다. 그리고 일부러 아빠가 많이 떨어뜨린다. 꼭 설거지가 아니라도 좋

다. 아이가 어질러놓은 장난감을 아빠가 치워야 한다든가 빨래를 널어야 하는 것처럼 평소 잘 하지 않던 걸 하도록 벌칙을 정한다. 어떤 벌칙이 좋을지 아이에게 의견을 물어도 좋다.

2. 그림 그릴 때 선은 오른손으로, 색은 왼손으로 칠하기 놀이를 한다.

3. 외곽선이 그려진 그림을 가위로 오릴 때 왼손을 써서 누가 더 정확하게 자르는지 시합해보자고 한다. 왼손으로 가위를 사용할 때는 다칠 염려가 있으니 주의한다.
왼손 사용이 점점 익숙해지면 아이는 자신감이 생겨 다른 것도 왼손으로 해보려고 할 것이다. 오른팔을 다쳐 깁스를 했다고 가정해보자. 실제로 이런 경우 왼손을 사용할 수밖에 없어 왼손 사용 능력이 커진다. 이처럼 우리 몸은 자꾸 사용하면 발달한다.

4. 가위 바위 보를 왼손으로 또는 번갈아 한다.

5. 아이와 함께 목욕하며 아이에게 왼손으로 등을 밀어달라고 한다. 조금 덜 시원하겠지만 아이의 두뇌 발달을 위해 꾹 참는다.

아이가 오른손잡이면 왼손을, 왼손잡이면 오른손을 사용할 수 있도록 이끌어주는 것이 부모의 역할이다. 강요하면 오히려 역효과가 나니까 재미있는 방법으로 관심을 갖도록 이끌어주자.

창의와 논리 그리고 수학

창의성과 논리성은 별개다. 말하자면 이 둘은 서로 상관관계가 없다. 그렇다고 창의적인 사람은 논리적이지 못하다거나 논리적인 사람은 창의적이지 못하다는 건 아니다. 얼마든지 창의적이면서도 논리적일 수 있다. 그런데 이런 경우 겉으로는 논리적인 사람으로 보인다. 논리가 창의를 이기기 때문이다. 논리가 창의를 누르는 건, 창의적인 생각은 논리적으로 맞지 않아서라기보다는 지금까지 알고 있던 것과 너무 달라 받아들이기 어렵기 때문이다.

"그게 말이 돼?"

실제로 창의적인 사고를 논리적으로 따져보면 많은 허점이 발견된다. 따라서 바로 논리적인 반박에 부딪히고 대부분 이를 극복하지 못해 포기하게 된다. 자신의 논리에도 스스로 무너지기 때문이다.

"내가 봐도 말이 안 돼."

창의적이면서 논리적인 사람의 비극이다.

내 아이는 어떨까?

가장 논리적인 사고가 필요한 학문은 수학이다. 어릴 때는 다들 수학을 잘한다. 23×62를 시켜보라. 대부분 거뜬히 해낸다. 그런데 9583×3729처럼 자릿수 많은 걸 시켜보면 한 자릿수 올리는 걸 깜빡해서인지 자꾸 틀린다. 그럼 이 아이는 논리적이지 못한 걸까?

그렇지 않다. 그 순간에 집중력이 떨어졌을 뿐이다. 수가 크다 보니 계산하기 귀찮아진 것이다. 23×62나 9583×3729나 원리는 똑같다. 더하기와 구구단만 외우고 있다면 누구나 풀 수 있는 문제다. 그런데 자꾸 틀린다.

왜 그럴까?

영희와 떡볶이 먹기로 약속했는데 그 시간이 점점 다가오고 있기 때문이다. 영희도 보고 싶고 배도 고픈데 이걸 풀어야만 밖에 나갈 수 있다고 하니 제대로 풀겠는가.

엄마는 그것도 모르고 반복훈련을 시킨다. 문제지를 보면 34×26, 27×84처럼 숫자만 다르고 자릿수는 같은 문제들이 빼곡히 있다. 같은 원리의 문제를 반복해서 푸는 것도 필요하다. 그래야 '깜빡깜빡'이 줄어든다. 문제는 수학에 재미를 잃는다는 것이다. 수학에 재미를 잃는 것과 실수로 수학문제 몇 개 틀리는 것 중 어느 것을 피해야 할까? 정확하고 빠른 계산력도 필요하겠지만 그 전에 수학을 싫어하지 않도록 배려하는 것이 더 중요하다.

지금 직접 9583×3729를 풀어보라. 아마 수학 교수라도 틀릴 텐데, 틀리든 맞든 진짜로 계산하는 사람은 한 명도 없을 것이다. 종이와 펜을 가지러 가기 귀찮아서, 쓰기 싫어서 등등 이유는 많다. 우리가 이런데 아이들은 어떻겠는가?

무엇이든 자꾸 하면 는다. 하지만 이런 문제의 답을 구하는 건 수학실력과는 무관하다. 수학을 논리적인 학문이라고 하는 건 '왜냐하면'과 '따라서'가 존재하기 때문이다. 그런데 안타깝게도 '점수'는 왜 틀렸는지 상관하지 않는다. 오직 정답과 오답만 있을 뿐이다.

$2+3=5$가 되는 이유는 뭘까? 2는 $1+1$을, 3은 $1+1+1$을, 5는 $1+1+1+1+1$이라고 정했으므로, $(1+1)+(1+1+1)=(1+1+1+1+1)$ 즉, $2+3=5$가 된다. 0부터 9까지 열 개의 기호와 숫자를 사용하는 십진법에서 각각의 숫자들을 그렇게 정의한 이상 그럴 수밖에 없는 논리적인 결과이다.

그런데 $7+7$을 하려면 $1+1+1+1+1+1+1+1+1+1+1+1+1+1$을 해야 한다. 23×62를 해낸 아이에게 9583×3729를 시킨 것과 같은데 얼마나 귀찮겠는가? 손가락 열 개를 모두 사용했는데도 모자라 발가락까지 사용하다 보니 당연히 한두 개 빠뜨리는 깜빡깜빡이 나타난다. 그러다 보니 $7+7$은 13이라는 아이도 있고 15라는 아이도 있다. 13이라고 한 아이는 깜빡하고 한 번을 빠뜨린 거고, 15는 발가락 꺾다가 두 개가 한꺼번에 꺾여버린 경우다. 아무래도 무슨 수를 내야지 안 되겠다.

그래서 '곱하기'가 등장한다. 곱하기는 같은 걸 여러 번 더할 때 편하게 계산하려고 만들었다. $7 \times 2 = 14$. 얼마나 쉽고 빠른가! 이것이 곱하기를 위한 구구단이다. 드디어 수학에 논리와 이해 말고도 암기력이 필요해지기 시작한다.

철수도 구구단은 모두 외웠다. 그런데 영희가 너무 보고 싶어 먼 산 바라보다가 얼마나 남았을까 페이지를 넘겨보니 문제는 많고 더 어렵다. **345×167**처럼 자릿수가 점점 늘어난다.

"아, 하기 싫다!"

그때 엄마가 우유를 들고 들어온다. 그리고 다정한 목소리로 묻는다.

"우리 철수 잘하고 있지?"

머리를 쓰다듬고 엉덩이도 토닥여준다. 그런데 문제집을 보니 여태 딱 한 문제 풀었다. 엄마의 표정이 바뀐다.

'앗 큰일 났다!'

같은 시각 영희는?

이날 영희는 100점을 맞았는데 철수는 3문제나 틀렸다. 100점 맞은 영희는 철수를 만나러 집에서 나오지만 철수는 틀린 문제를 맞힐 때까지 다시 풀어야만 한다.

결국 이날 철수와 영희는 만나지 못했다.

창의성도 연습하면 길·러·진·다

논리성에는 빈틈이 허용되지 않는다. 반면 창의적인 사고가 많이 요구되는 예술과 문학에는 빈틈이 많다.

'향기로운 님의 말소리에 귀먹고 꽃다운 님의 얼굴에 눈멀었습니다.'

소리에서 향기가 난다고? 얼굴을 보니 눈이 멀었다고? 그것도 꽃다운 얼굴인데?

얼마나 비논리적인가? 하지만 읽는 순간 확 와 닿는다. 이것이 창의다.

창의도, 논리도 일정 부분 타고 나지만 훈련에 의해 키워진다. 논리적이면서도 창의적일 수 있다는 얘기다. 인생을 살아가는 데 이 두 가지는 매우 중요한 요소다.

그런데 많은 사람들이 잘못 생각하는 점이 있다.

창의성은 타고난다.

논리는 훈련에 의해 키워지는지 몰라도 창의는 어림없다.

창의력을 키우는 방법을 모른다.

창의력을 키울 방법이 없다.

분명 창의적으로 생각하는 방법이 버젓이 있는데도 이렇게 오해를 하고 있다.

(이에 대해서는 04 관점이 중요하다 이후로 자세히 다룬다.)

생각하는 힘을 키우기 위해 퀴즈를 풀어보자. 창의성이 무엇인지 이해하기 위해 창의성과 논리성을 아우른 문제다. 그저 재미로 풀어보는 단순한 퀴즈가 아니다. 물론 문제를 해결했다고 해서 창의적이거나 논리적이라고 단정 지을 수는 없다. 대신 문제를 해결하기 위해 시간을 들이면 들일수록, 어렵다고 느끼면 느낄수록 얻는 것이 많은 퀴즈다.

엄마부터 풀어보자.

아래 그림처럼 정사각형이 있다. 정사각형은 꼭짓점이 네 개다. 꼭짓점 두 개를 이동시켜 더 큰, 정확히 넓이가 두 배가 되는 '정사각형'을 만들어라. 단, 결과가 직사각형이나 사다리꼴, 또는 평행사변형이어서는 안 된다. 다시 한 번 강조하는데 꼭짓점 세 개가 아닌 두 개만을 옮겨야 한다. 꼭짓점을 평면이 아닌 3차원으로 이동시켜도 상관없다.

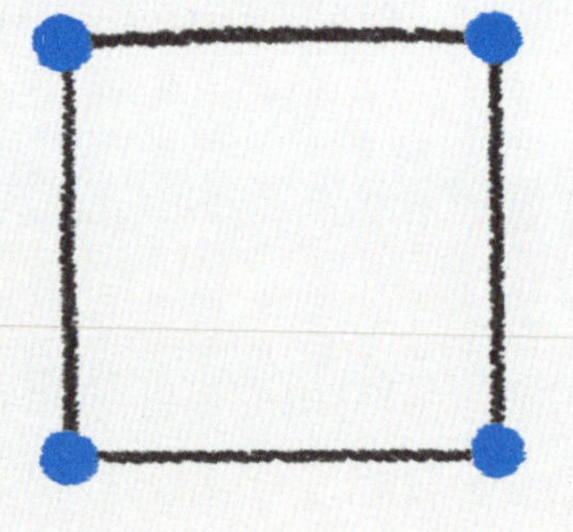

문제는 간단하다. 꼭짓점 두 개를 이동시켜 넓이가 두 배가 되는 정사각형을 만들라는 문제다. 그런데 이상하게 쉽지가 않다. 문제를 보자마자 순식간에 해결한 사람이 있다면 운이 작용한 경우라고 볼 수 있다. 왜냐하면 이 문제는 어쩌다 방법이 눈에 턱 하고 들어오지 않는 한, 늘 해오던 방법으로는 해결하기 어렵기 때문이다. 꼭짓점 세 개를 이동시켜 정사각형을 만들라고 했다면 누구나 할 수 있다. 그런데 이 문제에서는 두 개만을 이동시켜야 한다.

과연 이동할 수 있는 꼭짓점의 개수 때문에 이 문제가 어려울까? 다시 말해, '움직일 수 있는 꼭짓점 수'라는 제한이 큰 문제일까?

아니다! 고정관념이 가장 큰 문제다. 정답을 위해 꼭짓점을 이동시킬 때도 꼭짓점의 상호관계가 처음 상태와 같아야만 한다는 고정관념!

즉 바로 옆에 있던 꼭짓점은 끝까지 옆에 위치해야 하고 서로 마주보던 것들 역시 계속해서 마주봐야 한다는 생각 때문에 이 문제를 풀기가 어려웠던 것이다. 답을 보면 이게 무슨 말인지 금방 알 수 있다.

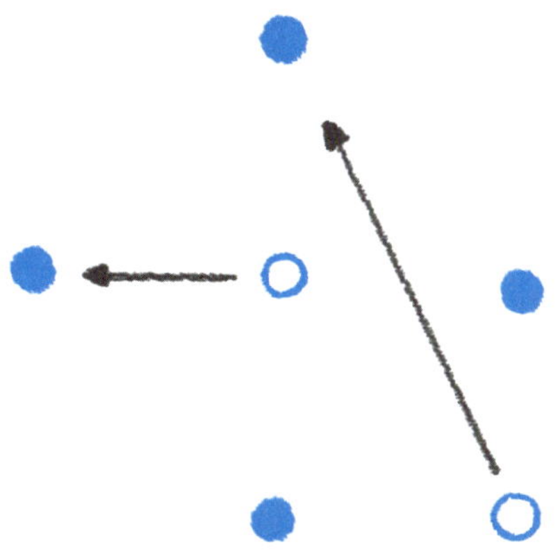

정사각형이 뒤틀렸다. 이동시킨 두 개의 꼭짓점은 처음에는 서로 마주보고 있었지만 결과는 옆으로 이동해 있다. 각 꼭짓점들 간의 '관계가 바뀐' 정사각형이 만들어진 것이다. 알고 보면 얼마나 쉬운가? 그런데 어려왔다면, 각 꼭짓점의 상대적 위치를 끝까지 지켜주려는 생각이, 고정관념이 가장 큰 걸림돌로 작용했기 때문이다.

이런 종류의 고정관념을 깰 수 있는 최적의 도구는 나누기다. 어느 부분을 나누거나 떼어내면 기존의 관계가 저절로 바뀐다. 나누기의 여러 장점 중 한 가지이다. 이후 나눠진 네 개의 꼭짓점을 각각 재배치한 것이 이 문제의 답이다.

(나누기에 대해서는 05 더하고 곱하고 나누고 빼면?에서 자세히 다룬다.)

아래 그림처럼 두 개의 눈금 없는 통이 있다. 그리고 바로 옆에는 수도꼭지가 있다. 이들 두 개의 통만을 이용하여 9리터들이 통에 6리터의 물을 담아보자.

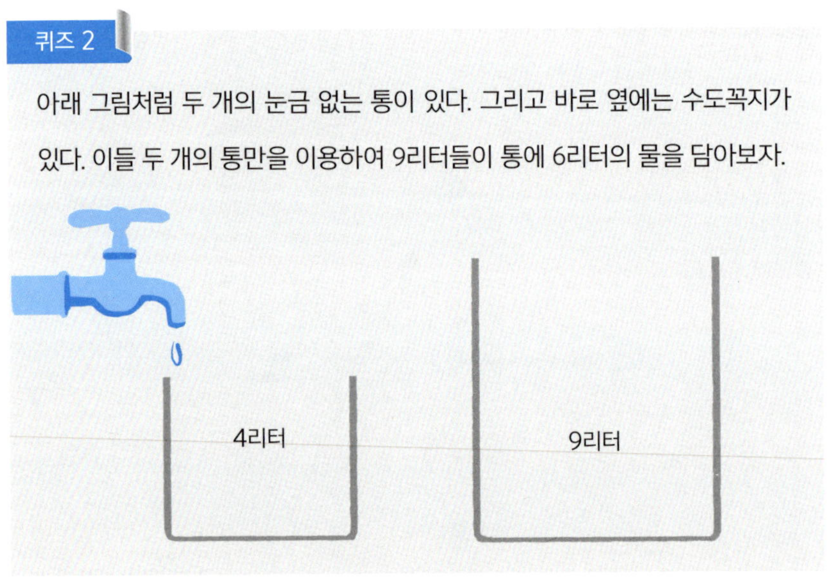

수학적으로 6을 만들기 위한 방법은 많지만, 이것을 문제에 나오는 4 또는 9를 사용해서 만들기 위해서는 9-3과 4+2밖에 없다.

9-3에서의 3은 4-1로 만들 수 있고, 1은 9-4-4로 만들 수 있다. 이것이 논리인데, 수식으로 나열하면 다음과 같다.

$$9-\{4-(9-4-4)\}$$

따라서 이 문제는 (9와 4만을 이용해서) 1을 만들면 해결된다는 걸 알 수 있다. 다시 말해, 1리터부터 만드는 것이다. 이 식을 풀어쓰면 다음과 같다.

① 1리터 만들기 (9-4-4) : 9리터들이 통을 가득 채운 후 4리터들이 통을 이용하여 두 번 뺀다. 그러면 9리터들이 통에 1리터가 남는다.

② 3리터 만들기 (4-1) : 4리터들이 통을 비우고 그곳에 1리터를 부으면 3리터만큼의 공간이 생긴다.

③ 6리터 만들기 (9-3) : 9리터들이 통을 다시 가득 채운 후 그것을 4리터들이 통이 모두 찰 때까지 부으면 9리터들이 통에 6리터가 남는다.

4+2에서의 2리터는 (9-4-4)+(9-4-4)로 만들 수 있는데 이것은 통이 한 개 더 있어야 가능하다. 이 퀴즈에는 통이 2개밖에 없다. 따라서 불가능하다. 하지만 창의적으로 생각하면 2리터 역시 만들 수 있다. 그림처럼 4리터들이 통을 기울이면 눈금이 없더라도 그것의 2분의 1인 2리터를 담을 수 있다. 이것을 9리터들이 통에 세 번 부어 넣으면 된다. 물론 2리터를 만들어 한 번만 붓고 4리터를 더해도 된다.

아이가 정사각형에 대한 개념을 안다면 네 개의 바둑돌을 이용해서 정사각형을 만든 다음, '바둑돌을 두 개만 이동시켜 더 큰 정사각형을 만들라'는 문제를 낸다. 결과적으로는 ('피타고라스의 정리'에 의해) 넓이가 정확히 딱 두 배가 되지만 이에 대한 얘기는 아이에게 하지 않아도 좋고 '꼭짓점'이란 용어의 사용 여부는 엄마가 판단한다. 아마도 처음에는 길쭉하게 직사각형을 만들 텐데, 틀렸다고 하지 말고 이번에는 직사각형이 아닌 정사각형을 만들어볼까라고 다시 물어본다.

만약 아이가 정사각형이나 직사각형에 대한 개념을 배우기 전이라면 도화지에 정사각형을 그려놓고 각 꼭짓점에 네 개의 바둑돌을 올려놓는다. 이때 사각형의 크기는 너무 크지 않도록 한다. 계속해서 바둑돌을 이동시킬 공간을 확보해주기 위해서다. 그리고 <그림 1>에서처럼 파란색 선을 그려놓는다.

❶

"우리 바둑돌 한 개를 움직여 넓이를 키워보자. 어떻게 하면 될까?"
엄마가 아이에게 묻는다. 단, 바둑돌이 닿아 있는 파란 선으로만 옮겨야 한다는 걸 미리 알려준다. 왜냐하면 그 밖의 곳으로 옮기면 도형이 커질 수도 있지만 작아질 수도 있기 때문이다.

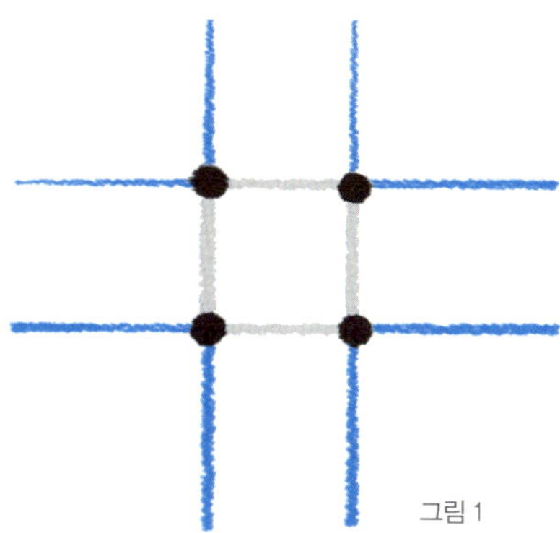

그림 1

❷ 아이는 바둑돌을 이동시킨다. 엄마는 <그림 2>처럼 그것을 새로운 꼭짓점으로 하는 도형을 그린다. 넓어진 부분은 이만큼 넓어졌다면서 그 부분에 색칠하기 놀이를 한다.

"여기에 무슨 색을 칠하고 싶어?"

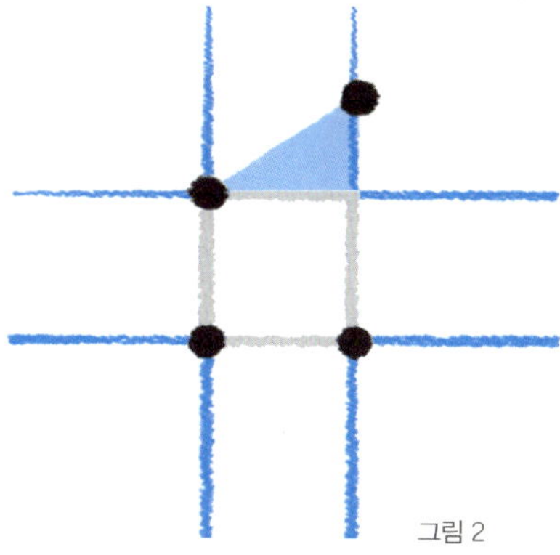

그림 2

❸

"한 개 더 움직여볼까?"

엄마가 제안한다. 그리고 아이가 바둑돌을 이동시키면 '우와, 또 커졌다!'면서 그에 따른 도형을 그린다. 그리고 그렇게 해서 더 커진 부분은 또 다른 색깔로 색칠놀이를 한다.

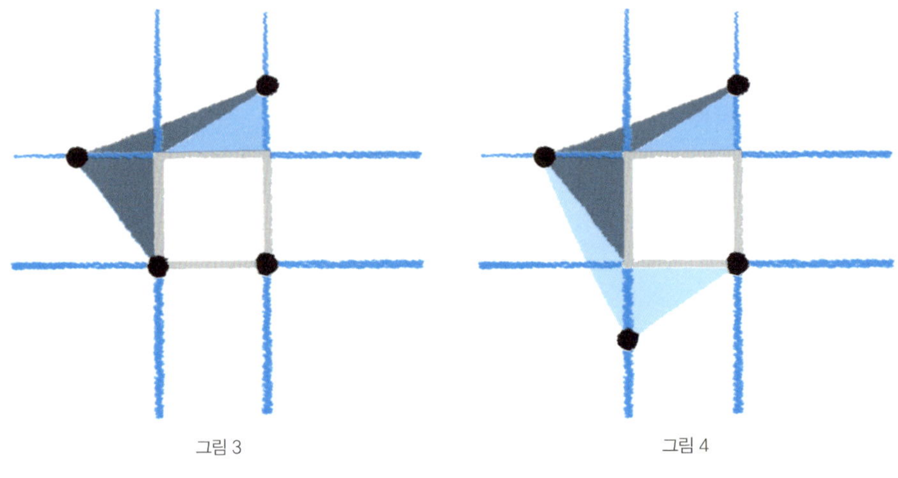

그림 3　　　　　　　　　　　　그림 4

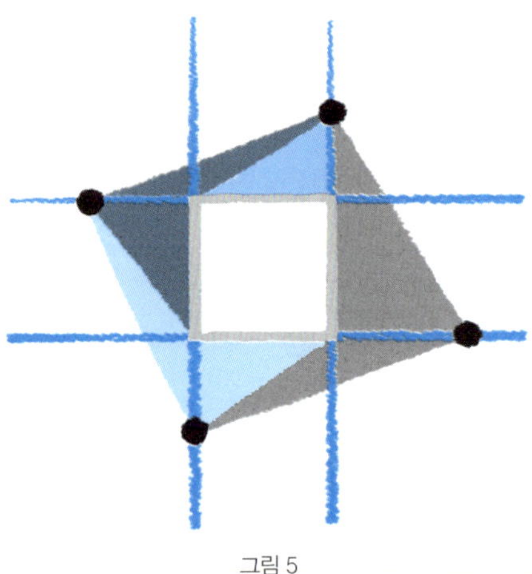

그림 5

그런데 만약 아이가 같은 바둑돌만 계속 움직이겠다고 고집을 피우면 아이의 의사를 존중하자.

"이 바둑돌이 제일 마음에 드는구나. 이 바둑돌이 왜 좋아?"

그다음에 다른 바둑돌을 옮기자고 제안한다.

"근데 이번엔 이 바둑돌을 옮겨볼까?"

❹ 바둑돌 네 개를 모두 옮겼으면 바둑돌 한 개를 추가하자고 한다. 그리고 이번에는 아무데나 놓아도 상관없지만 대신 <그림 6>처럼 도형 '밖'에 놓자고 한다. 그래야 도형이 커진다.

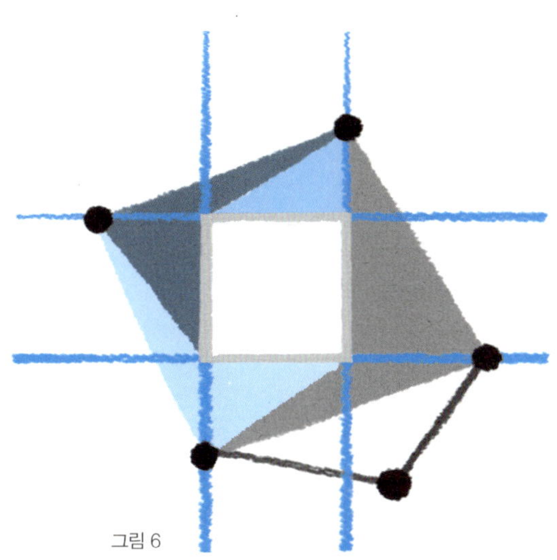

그림 6

이렇게 꼭짓점 옮기기 놀이를 하면서 아이에게 '넓이가 커지는' 변화와 '안과 밖'이라는 공간 개념을 이해시킨다. 그리고 연령에 따라 꼭짓점(바둑돌)을 추가하면 추가한 만큼의 다각형 (이 경우는 오각형)이 된다는 것도 알려주면 좋다.

아이가 '정사각형 만들기' 문제 풀기에 성공하면 칭찬해주고 이렇게 말한다.

"저녁 때 아빠 오면 같은 문제 내보자. 과연 아빠는 할 수 있을까?"

그러면 자기는 풀었는데 아빠는 풀지 못할 거라는 생각에 아이는 아빠 오는 시간만 기다릴 것이다. 기대해도 좋다. 틀림없이 아빠는 풀지 못한다.

만약 아이가 어려워하면 엄마가 직접 답을 보여준다. 그리고 한 가지만 말해주면 된다.

"뒤틀어!"

03

선입견의 벽 넘어서기

엄마는 왜 엄마일까?

엄마라는 말은 어떻게 만들어졌을까? 그렇게 부르라고 해서?

아기가 그렇게 불러서다.

아기는 왜 엄마를 엄마라고 불렀을까?

아기는 엄마를 부르지 않았다. 아기는 그냥 오물오물 소리를 낸 것뿐인데 그 소리를 어른들이 엄마라고 정하고 그 대상은 엄마라고 정했다. 서양도 마찬가지다. 마마mama든 마미mummy든 잘 들어보면 엄마와 비슷하고, 파파papa도 아빠와 비슷하다. 이것은 입술을 붙였다 떼면서 낼 수 있는 소리가 우리의 경우, ㅁ, ㅂ, ㅍ 말고는 없기 때문이다. 아빠의 '빠'는 뭔가 급했는지 아이가 좀 더 힘을 줘서 발음한 것으로 큰 차이는 없다.

그런데 이 오물오물은 어떻게 할 수 있었을까?

엄마 덕분이다.

아이를 만든 건 엄마와 아빠지만 엄마는 이후 10개월 동안 뱃속에 아이를 품는다. 그리고 끊임없이 뱃속의 아이와 교감을 한다. 이른바 대화다. 그런데 이것이 놀랍다. 서로가 보이지 않는데도 엄마는 아기와 대화를 한다. 밥을 먹고 나면, 맛있게 먹었냐고 묻는다. 아기가 발길질을 하면 또 이렇게 묻는다.

"와, 힘세다. 커서 축구선수 할래?"

축구가 뭔지도 모르는 아기는 당연히 아무 대답이 없다. 그래도 대화는 이어진다.

"잠들었구나? 예쁜 꿈 많이 꿔."

이런 능력은 오직 엄마만 갖고 있다. 이런 대화가 배 속 아기에게 큰 영향을 미친다. 아기는 사랑받고 있다고 느끼면서 편안하게 세상 밖으로 나올 준비를 한다. 오롯이 엄마 덕분이다.

아기가 태어난 이후에도 대화는 이어진다. 엄마는 아기에게 '쭉쭉 할까'라고 묻는데, 이미 아기의 허벅지에서부터 무릎 발목까지 쭉쭉 펴고 꾹꾹 누르고 있다. 아기에게 쭉쭉 하지 않겠다는 의사 표현이나 대답할 여유를 주지 않는다. 그러고는 시원하지? 아, 시원해라며 자기가 묻고 자기가 대답한다. 그런데 놀랍게도 아기는 실제로 시원해 하며 웃고 좋아한다.

옹알이를 한다. 한두 개씩 단어를 말하는가 싶더니 이제 의사 표현까지 한다. 경이롭다! 그런데 어느 날부터 꼬박꼬박 말대꾸를 하기 시작한다.

"싫어!"

"왜?"

그렇다고 속상해 할 거 없다. 엄마의 역할이 이전보다 그만큼 커졌음을 알려주는 신호니까. 드디어 엄마의 교육이 그 어느 때보다 중요한 시기가 온 것이다. 바로 지금부터다!

맘마가 아니라 밥 이라고 한다면?

처음부터 쉽고 어려운 건 없다. 특히 아무것도 아는 것 없는 갓 태어난 아기에게는 더더욱 그렇다. 아기 입장에서는 배우기 쉬운 것과 어려운 것의 차이 자체가 아직 없다. 이는 마치 우리말과 영어 중 어느 것이 어려운지를 묻는 것과 같은 우문이다. 대한민국에서 태어났으면 우리말이, 미국에서 태어났으면 영어가 쉽다. 그것부터 먼저 배우기 때문이지 어느 쪽이 쉽거나 어렵기 때문이 아니다.

그런데 엄마는 아기에게 지지라고 하고 때찌라고 한다. 왜 그럴까? 더럽다보다는 지지가, 때린다보다는 때찌가 쉬워서일까? 아니다! 이건 엄마의 착각이다. 쉽다면 엄마에게 쉬운 거지 아기에게는 더럽다나 지지나, 때린다나 때찌나 처음 듣기는 마찬가지다. 이 시기의 아이에게는 쉽고 어려운 것이 따로 없다. 따라서 처음에 무엇을 어떻게 가르치느냐가 중요하지, 되도록 쉬운 단어를 사용하려는 엄마의 노력은 아이의 언어 교육에 별로 도움이 되지 않는다.

비슷한 예로 밥 먹자고 하면 될 걸 맘마 먹자고 한다. 왜 그럴까? 아이에게 밥보다는 맘마가 쉽다고 착각하기 때문이다. 만약 처음부터 맘마 대신 밥이라고 하면 아이는 맘마의 뜻을 알아들을 때와 같은 속도로 밥도 알아듣는다. 그런데 어느 정도 크기 전까지는 밥 대신 맘마라고만 하니까, 얼마든지 밥을 알아들을 수 있는데도 아이는 맘마만 알게 된다. 커서는 단 한 번도 사용하지 않을 단어부터 배우는 것이다. 맘마라는 단어를 알아듣도록 하는 그 시간이 아깝다. 앞으로는 맘마라고 하지 말고 밥이라고 하자.

갓 태어난 아기는 아무것도 적혀 있지 않은 하얀 종이와 같다. 아기는 무엇이든 받아들일 수 있다는 뜻이다. 그런데 그 무엇을 엄마가 마음대로 결정한다면 아이는 억울해진다. 특히 엄마의 감성적 기준으로 쉽고 어려운 걸로 나눠 교육을 시킨다면, 그야말로 어려운 것도 쉽게 배울 수 있는 기회를 뺏는 것이 된다.

어려운 단어는 발음하기가 어려울 뿐이다. 듣기는 마찬가지다. 그런데 사실 듣기는 듣는 것이 아니라 들리는 것이다. 그리고 '말'은 들은 대로 흉내내게 된다. '엄마의 말'이 그 무엇보다 중요한 이유다. 일례로, 엄마는 아기가 '엄마'와 발음이 비슷한 옹알이를 했든 안 했든 이미 수천 번도 넘게 아기를 향해 말했다.

"엄마 해봐, 엄마!"

아기는 이것을 들으려고 들은 게 아니라 들렸기에 들었다. 그리고 마침내 그 옹알이가 '엄마'로 변해 밖으로 터져나왔다.

영어도 마찬가지다. 듣기가 먼저다. 그다음에 말을 한다. 그런데 우리는 듣는 것과 말하는 걸 거의 같은 시기에 배운다. 그러니까 오랫동안 공부하고 노력해도 영어가 잘 안 되는 것이다. 귀가 뚫려야 입이 뚫리는데 귀는 막아놓고 입만 열려니 얼마나 어려운가?

창의성도 마찬가지다. 창의력을 높이는 방법이라고 해서 결코 어려운 것이 아니다. 그런데 '그런 게 있어?' '내가 어떻게 가르쳐' 하면서 어렵다고 지레짐작해 포기한다. 그것은 마치 귀 막아놓고 영어 가르치는 것과 같다. 포기하지 마라! 어렵지 않다.

창의력도 '엄마'라는 단어처럼 자주 듣고 익숙해지면 아기가 어느 날 엄마 하고 부르듯 엄마도, 아이도 아무도 모르는 사이에 부쩍 커져 있을 테니. 다만 무엇을 어떻게 가르치느냐, 처음 시작이 중요하다.

선입견이 큰 문제

'오늘 회담의 관건은 참석자들이 얼마나 긍정적이냐에 달렸다'는 말에서 '관건'은 쉬운 말일까, 어려운 말일까? 쉽다거나 혹은 어렵다면 누구에게 대체 얼마나 쉽고 어려운 걸까? 무엇이든 자주 쓰면 쉽고 어쩌다 쓰면 어렵다. 그리고 같은 것도 그것을 받아들이는 사람에 따라 다르다. 따라서 쉽고 어려운 건 따로 없다.

그런데 물구나무서기와 자전거 타기를 비교해보면 얘기가 조금 달라진다. 자전거를 한 번이라도 타본 사람은 알겠지만 물구나무서기에 비하면 자전거 타기가 쉽다. 따라서 쉽고 어려운 건 분명히 존재한다.

그렇다면 아이에게 '관건'이라는 단어는 쉬운 걸까, 어려운 걸까? 그리고 가르쳐야 할까, 말아야 할까?

아무래도 한자어가 우리말보다는 어렵다. 그런데 우리가 쓰는 말의 70~80퍼센트는 한자어다. '엄마'는 우리말이고 '관건'은 한자어다. 그렇다면 한자어는 어렵고 우리말은 쉬워서 아이에게 우리말부터 가르치고 있는가? '아침, 얼굴, 바다, 고양이'는 우리말이지만 '우유, 안경, 동해, 냉장고'는 한자어다.

같은 한자어라도 관건보다는 우유나 안경이 쉽다. 우유나 안경은 눈에 보이지만 관건은 눈에 보이지 않기 때문이다. 당연하다. 보고 만질 수 있는 것이 어떤 뜻을 내포하고 있는 것보다 훨씬 쉽다. 그런데 알고 보면 우유나 안경도 단순히 사물을 지칭하는 것이 아니라 뜻이 있다. 우유는 소의 젖을, 안경은 눈에 쓰는 유리를 뜻한다.

'관건'은? 사전에 의하면, 관건이란 '어떤 일의 성패나 추이를 가름하는 가장 중요한 부분이나 요인'이라고 한다. 재밌는 것은 '일, 가름'은 우리말이지만 '성패, 추이, 부분, 요인'은 한자어다. 한자어의 뜻을 설명하기 위해 또다시 한자어를 사용하고 있다. 그런데 '가름'은 우리말이긴 하지만 어렵다. 무슨 뜻인지 아는가? '추이'는 한자어인데 쉬운 말인가, 어려운 말인가?

머리가 아파온다.

사실 답은 엄마에게 달렸다. 그것이 무엇이든 아이가 몰라도 된다면 가르치지 말고 아는 것이 좋다면 가르쳐라. 다만 엄마 생각에 어렵다는 이유로 가르칠 것이냐 말 것이냐를 판단하지는 말자. 아이에게는 관건이란 단어도 엄마라는 단어처럼 처음 듣는 말이기는 마찬가지다.

지금부터는 지레짐작해 아이가 과연 이해할까라는 걱정이나 선입견은 접어두자. 문제는 엄마의 고정된 생각이다.

엄마의 고정관념

아이가 어느 정도 자라면 세모, 네모, 동그라미 등 도형을 가르친다. 그런데 보통 세모, 네모, 동그라미의 형태를 가르치는 데 그치지 않는다. 주위에서 세모나 네모 형태의 사물들을 찾아 알려주면서 삼각형과 사각형, 원에 대한 개념을 이해시킨다. 여기까지는 그런대로 괜찮다. 그런데 심화학습이라면서 아이에게 삼각형이나 사각형, 원을 제시하고 그림을 완성하게 한다. 예를 들면 원으로 해바라기나 시계를, 사각형으로 책상이나 TV, 냉장고 등을 그리도록 유도한다. 썩 바람직한 방법이 아니다. 아이에게는 있지도 않았던 고정관념, '시계는 동그랗다' '책은 네모다'를 심어주는 일이기 때문이다.

이렇게 자란 아이는 TV나 냉장고는 반드시 네모여야 하는 줄 알고, 동그랗거나 삼각형 모양의 책은 상상조차 못한다. 한마디로 상상력을 죽이고 있는 것이다.

아이는 미리 프린트된 사각형을 이용해 TV와 냉장고는 물론 책까지 그려냈다. 이제 어떻게 할 것인가? 참 잘했다는 칭찬과 함께 아이의 능력을 유창성, 독창성, 민감성 등으로 분류해 아이에게 부족한 것이 어느 부분인지 알아낼 것인가? 그다음 그것을 보충하기 위해 별 소용도 없는 다음 단계로 넘어갈 것인가? 자세히는 그렸지만 여러 종류를 그리지 않았다면, 정교성은 뛰어나지만 다양성이 부족하다고 판단하고 TV와 냉장고 말고 또 다른 네모 형태는 뭐가 있느냐며 더 많은 종류의 사물을 그리게 할 것인가?

아이가 다양성이 부족하다고? 대상이 도통 관심 없는 사물뿐이었는데!

정교성이 뛰어나다고? 마침 좋아하는 것이라서 자세히 그렸을 뿐인데!

집중력이 떨어진다고? 밖에 나가 놀고 싶어 빨리빨리 그린 건데!

엄마가 알고 있는 것을 기준으로 아이를 판단하지 마라. 그러면 아이는 그 기준에 맞춰진 아이로 자라날 뿐이다.

절대로 잊지 말자. 아이의 잠재력은 그 경계가 없다.

엄마가 할 일

도형을 이해했다면, 아이의 호기심을 끄집어내는 것이 중요하다. 예를 들어 TV가 네모가 아닌 원형이라면 어떨까라고 묻는 것이다. 이것이 엄마가 할 일이다. 그러면 나머지는 아이가 알아서 이야기보따리를 푼다. 엄마는 그 이야기에 진심으로 주의를 기울여 들어주기만 하면 된다. 필요할 땐 맞장구쳐주고 중간 중간 그에 따른 새로운 질문을 하면서 함께 이야기를 만들어간다.

현실의 엄마는 아이에게 이렇게 묻는 것이 쉽지 않다. 왜냐하면 엄마 자신이 TV는 사각형이라고 알고 있기 때문이다. 그리고 설사 무엇이든 바꿔보는 것이 창의성이라고 믿고 TV가 원형이라면 어떨까라는 생각을 했다고 치자. 그래도 엄마는 아이에게 그렇게 묻지를 못한다.

왜 그럴까?

엄마 스스로 생각해봐도 TV가 사각형이 아니고 원형이면 이상하기 때문이다. TV가 원형이라면 <그림>처럼 사각형일 때와 비교해 화면의 많은 부분(파란색 부분)이 보이지 않을 것이라는 걱정 때문이다. 그래서 말이 안 된다고 스스로 판단을 내린다.

이래서 안 되고 저래서 안 된다는 것이 논리적 사고인데, 결국 엄마 자신의 논리, 생각의 범위, 관점과 기준 때문에 아이의 생각까지 제한하고 있는 것이다.

하지만 엄마한테나 이상하게 보이고, 걱정스럽고, 말도 안 되고, 어려울 뿐이지 아이한테는 그렇지 않다. 만약 아이가 엄마와 같은 걱정을 한다면 그 아이는 고정관념이 형성되었다는 측면에서 이미 어른이다.

이렇게 생각해보자.

눈동자는 동그랗고 전체 눈 모양은 타원형이다. 그리고 거리 감각을 위해 눈의 개수는 두 개다. 그렇다면 우리가 볼 수 있는 범위의 테두리는 원형일까, 타원형일까?

한쪽 눈만 뜨고 왼쪽과 오른쪽 그리고 위아래를 보라. 다음에는 두 눈 모두 뜨고 눈동자를 돌려보라. 분명 보이는 것의 경계선은 사각형이 아니다. 따라서 얼마든지 TV

는 논리적으로 사각형보다는 원형이 낫다고 생각해볼 수 있다. 그런데 우리가 눈뜨고 보는 TV는 사각형이다! 아무도 TV를 동그랗게 만들지 않는다. 왜 그럴까?

아이에게 아직 고정관념이 형성되어 있지 않다면, 아이는 오히려 엄마의 걱정이 기우에 불과하다는 걸 깨닫게 해준다. <그림>처럼 관점에 따라서는 원형이 오히려 사각형보다 더 많이 보여줄 수 있기 때문이다.

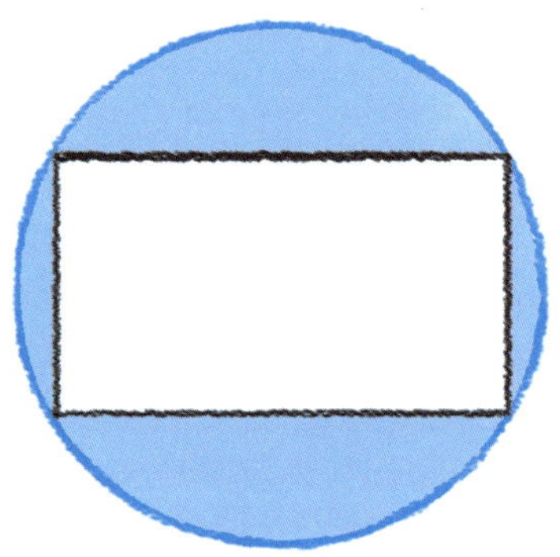

TV는 사각형이어야 한다는 생각을 갖고 있지 않은 아이는 자연스럽게 상상력을 넓혀간다. 'TV가 원형이면 어떨까?'라는 엄마의 질문에 아이는 TV나 냉장고뿐 아니라 '왜 책은 꼭 사각형이어야 하지? 동그라미나 삼각형 모양의 책은 어떨까?'처럼 다양하고 창의적인 생각을 펼쳐내기 시작한다. 엄마의 질문 덕분이다.

미리 그려진 네모 혹은 동그라미를 이용하여 그림을 완성하는 학습 놀이는 도형을 이해하는 데 도움을 준다. 하지만 오히려 그것으로 인해 TV는 사각형이고, 어떤 사물은 어떤 형태라는 고정관념을 심어줄 수도 있다는 것을 잊지 말아야 한다.

만약 이미 그것이 아이의 머릿속에 굳게 자리 잡았다면 그것에서 벗어날 수 있도록 도와주는 것이 엄마의 역할이다. 그러기 위해선 엄마부터 바뀌어야 한다.

TV는 원형일 수도 타원형일 수도 있다!

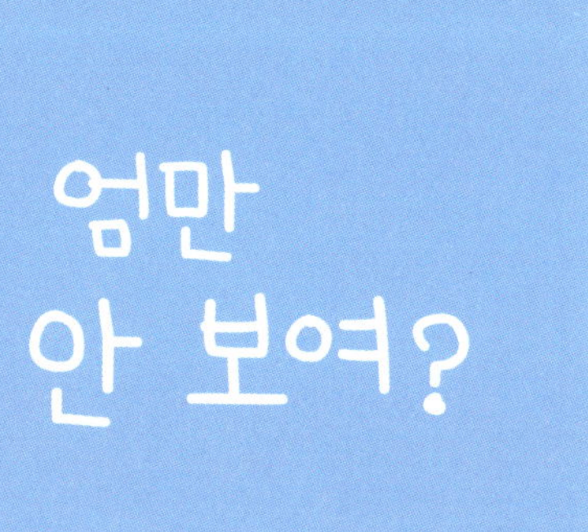
엄만
안 보여?

와, 잘 그렸네!
난 이런 사람
될 거야.

어떤 사람?
엄마가 맞춰볼까?

별이 반짝반짝하네.
우주과학자야?
땡!

별, 별, 별 …
그럼 스타네?
배우나 가수?
땡!

별에 둘러싸인
사람이 누구지?
그것도 몰라?
웃는 사람!

네가 배워서 엄마 가르쳐줄래?

다음을 계산해보라.

24+31=

46+23=

쉽다. 그러면 다음을 계산하라.

27+97=

63+78=

조금 어렵다. 왜냐하면 **2+9, 7+7, 6+7, 3+8**은 모두 **10**을 넘기 때문이다.

그래서 다음처럼 문제를 세로로 써서 '**1** 올리기' 방법을 배웠고 사용한다.

6 3

<u>+ 7 8</u>

이것은 문제가 지금처럼 두 자릿수가 아니라 **639+785**처럼 자릿수가 커지면 커질수록 그 힘을 발휘한다. 그런데 다음을 계산해보자.

298+399=

어떻게 했는가?

$$298$$
$$+399$$

이렇게 세로로 계산했는가? 그런 사람도 있겠지만, **300+400=700**을 계산하고 거기서 **3**을 뺀 사람도 있을 것이다. **700-3=697**. 왜냐하면 이것이 훨씬 쉽기 때문이다. 문제는 '더하기'이지만 '빼기'를 이용해서 더하기 답을 찾는 것이다. 이것이 창의성이다. 그런데 어떻게 이것이 가능했을까? 빼기를 할 줄 알았기 때문이다!

만약 빼기가 뭔지 모른다면, 아무리 창의적인 사람일지라도 **700**에서 **3**을 뺀다는 생각은 할 수 없다. 더하기는 무엇이고 빼기는 무엇인지 그리고 그 방법이 무엇인지 아는 것이 '지식'이다. 따라서 창의적인 생각을 위해서는 어느 정도 지식이 요구된다. 바람이 불어야 배가 나아가듯이 뭘 알아야 그것을 응용하든 말든 한다.

만약 앞서 예시했던 포유류에 대해 엄마가 다음과 같이 설명했다고 하자. "포유류는 한자어야. 포는 '먹인다'는 뜻을 가졌고 유는, 우유 알지? 그것처럼 '젖'을 뜻하는 거야. 그러니까 포유류는 젖을 먹이는 동물의 무리라는 뜻이야. 사람도 동물이야. 물론 동물 중에선 너처럼 제일 똑똑한 동물이지만. 그리고 좀 더 크면 한자도 배워."

그런데 아이가 예상치 못한 질문을 한다.

"그럼 엄마가 한자로 써봐. 포유류는 한자로 어떻게 써?"

이제 어떻게 할 것인가? 알아야 쓸 텐데, 한자로 쓸 줄은 모른다!

포유류 한자는 획수가 많다. 직접 써본 적이 없다. 최고의 선생님이었던 엄마의 체면이 구겨지려는 순간이다. 이럴 때는 당황하지 말고 비장의 무기를 쓰자.

"우리 함께 찾아볼까?" 또는 "네가 배워서 엄마 가르쳐줄래?"

아이에게는 엄마한테 그것을 알려줘야 한다는 막중한 책임감이 생긴다. 그리고 어느 날 엄마를 외치며 달려온다. 한자로 포유류 쓰는 걸 가르쳐 주겠다고.

물론 엄마가 포유류를 한자로 쓸 줄 알면 더 좋다. 왜냐하면 아이가 물었고, 물었다는 건 '알고 싶다.'는 욕구고, 바로 그때 가르쳐준다면 가장 뛰어난 효과를 볼 수 있기 때문이다. 이것이야말로 진짜 적기교육이다. 엄마가 이때를 놓친다면? 아쉽게도 최고의 교육 효과를 볼 수 있는 최적의 기회를 놓치는 셈이다.

아이를 창의적인 아이로 키우려면 엄마가 많이 알아야 한다. 그렇다고 너무 걱정할 필요는 없다.

엄마는 이 책만 읽어도 충분하다. 책을 끝까지 읽어보면 알겠지만 대부분 엄마가 이미 아는 것들이다. 그 방법이 생소할 뿐이지 따로 공부해야 할 만큼 어려운 건 없다.

엄마가 가르치고 아빠가 보조한다

아이의 창의성은 엄마가 책임진다. 왜?

엄마만큼 아이를 잘 아는 사람이 없기 때문이다.

무슨 소리? 아빠도 아이를 잘 안다고 큰소리친다.

그래도 엄마가 한 수 위다. 왜?

엄마가 아이와 함께 있는 시간이 많기 때문이다.

만약 아빠가 엄마보다 더 많은 시간을 아이와 보낼 수 있다면 아빠가 가르치면 된다. 그런데 맞벌이라면 어떻게 해야 할까? 그래도 역시 아빠보다는 엄마가 낫다. 엄마가 아빠에 비해 더 섬세하고 감수성이 풍부하기 때문이다.

감수성이 풍부한 사람이 창의적인 생각을 하는 데 유리하다. 감정이 딱딱하고 메말라 있으면 새롭거나 다른 것을 생각해볼 여유가 없다. 고정관념에 사로잡혀 있을 가능성도 크다. 그래서 엄마가 아빠보다 낫다. 물

론 절대적인 기준은 아니다. 아빠의 감수성이 더 풍부하다면, 아빠가 적임자다.

그런데 이유는 잘 모르겠지만 여자보다 남자가 아는 척하는 경향이 있다. 아는 척하는 것이 많으면 아이를 가르치기 힘들다. 아는 척하는 사람일수록 새롭거나 다르기는커녕 아이에게 없었던 고정관념을 꾹꾹 심어줄 수 있기 때문이다. 게다가 대부분의 아빠는 윽박지르기를 잘한다. 그래서는 역효과가 난다. 이러한 여러 이유로, 아무래도 아빠보다는 엄마가 낫다. 엄마가 가르치고 아빠가 보조 역할을 하는 것이 좋다. 보조 역할이라고 해서 아빠가 실망할 필요는 없다. 보조 역할이 중요한 경우도 많다. 다음 '외계인 그리기 놀이'를 해보면 그 이유를 알게 된다.

외계 생물을 외계인과 다르게 그리는 이유

외계인은 정말 있을까? 있다면 어떻게 생겼을까? 외계인이 인간의 시초는 아닐까? 신의 창조론도 있지만 생명의 탄생은 그저 분자들이 서로 만나 부딪치고 떨어지다가 우연히 기가 막힌 조합을 이루어냈다는 설도 있고, 외계 생명이 암석에 섞여 지구로 유입되었다는 설도 있다. 만약 외계 생명설이 사실이라면, 우리의 선조는 외계인이다. 그래서인지 UFO나 외계인 이야기는 끊임없이 나타났다 사라지고 또 새롭게 만들어진다.

외계인의 존재 여부가 어떻든, 외계인을 그려보는 건 상상력에 큰 도움이 된다. 외계인은 실제로 한 번도 본 적이 없기 때문이다.

그런데 외계인 그리기를 하자는 건 상상력 때문만이 아니다. 고정관념이 얼마나 생각과 행동에 영향을 미치는지 깨닫게 해주는 실험이다. 엄마 자신은 물론 아빠와 아이가 그린 '외계인'과 '외계 생물'의 차이를 보면 놀랄 정도로 크다는 것을 깨닫게 될 것이다.

왜 그런 차이가 발생할까?

1. 종이와 펜을 준비한다. 연필, 볼펜, 색연필도 상관없다.

2. 외계인 그리기를 한다. 아빠도 함께 그려본다.

3. 그림을 보고 서로 비교하면서 재미있게 이야기를 한다.

바로 지금부터가 중요하다.

4. 외계 생물도 그려본다. 아빠도 함께 그린다.

이번 그림의 주제는 아까와는 달리 외계인이 아니라 '외계 생물'이다. 만약 아이가 외계인과 외계 생물의 차이가 뭐냐고 묻는다면 친절히 설명해준다.

"동물도 식물도 생물이지만 박테리아처럼 눈에 보이지 않는 미생물도 생물이야. 살아 있는 건 모두 생물이지. 물론 인간도 생물에 속해."

이 정도의 이야기를 해준다. 합집합, 교집합과 같은 집합의 원리로 설명해도 좋고 단순히 알려만 줘도 좋다. 아이는 이럴 때 배운다. 스스로 궁금해서 물었기 때문이다. 이것이 아이의 지식이 된다.

5. 이번에도 서로가 그린 것을 비교하면서 재미있게 이야기를 한다.

6. 이야기가 모두 끝나면, 처음에 그린 외계인과 외계 생물의 '차이'에 주목한다. 그리고 왜 그런 차이가 발생했는지 함께 생각하고 이야기를 나눈다.

1. 서로의 그림을 보고 칭찬도 하면서 이야기를 시작하자. 무슨 말부터 시작할지 막막하면 질문의 형식을 취하면 된다. 아이가 그린 외계인의 배를 가리키며 이 외계인은 저녁 때 무얼 먹었기에 이렇게 배가 홀쭉 혹은 불뚝한가 물어 아이의 상상력을 자극한다. 그때부터 아이는 신이 나서 스스로 이야기를 꾸며나가기 시작한다.

"외계인이 살고 있는 곳에는 짜장면이 없어서 그걸 먹기 위해 지구에 왔어. 지금 중국집을 찾고 있어." 등등.

그러면 엄마와 아빠는 중간중간 맞장구를 쳐주며 이야기를 계속 만들어가도록 도와준다. 그런데 함께 이야기를 만드는 동안, 외계인의 배꼽이 빠졌다면서 따지지는 마라. 외계인은 배꼽이 없을지도 모른다. 다만 질문의 의도가 상상력의 극대화라면 얼마든지 좋다. "어? 외계인은 배꼽이 없네? 와, 재밌다." 이렇게 되도록 칭찬해준다. 이것이 대화의 기술이다. 그러면 아이는 다시 새로운 이야기를 만들어낸다. "아차, 배꼽 그리는 걸 빠뜨렸다. 근데 사실은 배꼽은 집에 놓고 왔어."

아이들끼리 노는 것을 옆에서 자세히 지켜보라. 대부분의 아이들은 주위에서 보고 들었던 어른들의 행동이나 말을 따라 하거나 흉내 낸다. 그럴 수밖에 없다. 아무리 상상력이 풍부한 아이라 할지라도 결국은 직접 보거나 들었던 것을 중심으로 생각을 펼쳐나가기 때문이다. 그런데 사실 어느 누구도 외계인을 본 적이 없다. 아이와 함께 상상력을 맘껏 펼치며 놀기 바란다.

2. 여기서 잠깐! 엄마는 아이의 그림에서 주의 깊게 관찰해볼 것이 있다. 사람과 비슷하게 그렸는지의 여부다. 얼굴(눈·귀·코·입), 몸통, 팔과 다리가 있는지 없는지, 그 개수가 많은지 적은지를 살펴본다.

아마도 크기와 모양, 길이 등은 많이 다르더라도 대개 눈은 두 개일 것이고 팔다리도 각각 두 개로 사람과 크게 다르지 않을 것이다. 왜 그럴까? 어째서 눈은 꼭 있어야 하며 있다고 해도 왜 두 개여야 할까? 없을 수도 있고 한 개 또는 세 개일 수도 있고 그보다 훨씬 많을 수도 있다. 발이 바퀴 모양일 수도 있고 손가락은 숟가락처럼 생겼을 수도 있을 텐데, 아이가 그린 외계인은 우리 인간의 모습과 큰 차이가 나지 않을 것이다. 비록 손가락의 개수는 다섯 개보다 적거나 많을 수는 있어도 있긴 있을 테고 발가락도 마찬가지다.

특히 아빠가 그린 그림을 보라. 모르긴 해도 <그림>처럼 TV나 책에서 본 적이 있는 모습일 것이다. 눈이 검은색의 타원형이고 매우 큰 전형적인 외계인의 모습이거나, 스티븐 스필버그 감독의 영화 <ET> 속 외계인 주인공과 비슷한 모습을 하고 있을 것이다. 왜 그럴까?

아무리 맘껏 상상하라고 해도 말만 맘껏일 뿐, 결국 보고 들은 것을 기준으로 상상하기 때문이다. 만약 이것들과 많이 다르다면, 그림 솜씨가 떨어져서이지 다르게 그리려고 했던 건 아니었을 테다. 혹시 정말 많이 다르게 그렸다면 아빠는 상상력이 매우 뛰어난 사람이다.

3. 외계 생물의 그림을 본다. 십중팔구 아이는 물론 엄마 아빠도 이전에 그렸던 외계인과는 그 모습이 확연히 다를 것이다. 왜 그럴까?

외계'인'과 외계 '생물'이라는 단어의 차이 때문이다. 즉, 어떤 단어로 표현했느냐에 따라 상상력은 극도로 제한을 받는다. 아무리 외계인이라고 해도 사람을 뜻하는 '인'을 사용했기 때문에 머릿속의 생각은 사람을 벗어나기 힘들다. 따라서 결과는 사람과 비슷하다.

그런데 두 번째는 사람이 아닌 생물이라고 했다.

갑자기 생각의 범위가 확 넓어진다!

식물도 동물도 미생물도 모두 생물이다. 따라서 처음 그린 외계인과는 많이 다른 외계 생물이 등장한다. 식물도 동물도 사람도 아니거나 또는 모두 섞인, 상상을 초월하는 결과가 만들어지는 것이다. 손가락 끝에 눈이 달렸다든가 아예 눈도 없고 입도 없고 얼굴조차도 없는 생물이 등장한다. 심지어는 머리가 배 속에 들어 있는 그림을 그리는 아이도 있을 것이며 우리가 흔히 알고 있는 미생물처럼 타원형 몸체에 털이 수없이 달린 외계 생물을 그리는 아이도 있을 것이다.

'무엇'을 지칭하는 고유한 '단어'에 대한 고정관념은 생각보다 심각하다. '전화기' 하면 어떤 모습이 떠오르는가? 다음 〈그림〉이 떠오를 것이다. 왜냐하면 처음 전화기의 모습이 이랬기 때문이다. 휴대전화는 완전히 다르다. 일단 모습이 사각형이다. 그래서 휴대전화를 획기적이고 혁신적인 제품이라고 부른다. 기존 형태와는 많이 다르므로! 물론 기능도 많이 다르다.

만약 처음 휴대전화의 모양이 원형이었다면, 지금처럼 사각형이 아닌 원형이거나 그것을 기준으로 변형된 타원형일지도 모른다. 그런데 지금까지 계속 사각형이다. 처음부터 사각형이었기 때문이다. 이것이 '최초'의 힘이다.

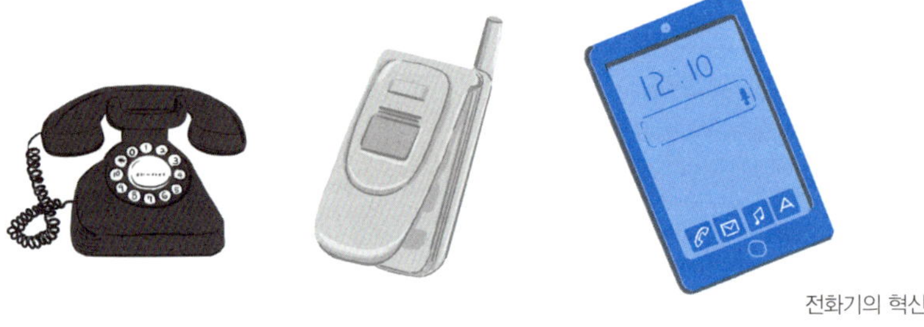

전화기의 혁신

영화 〈에일리언〉을 기억하는가? 그런데 〈에일리언 2〉는 어떤가? 그리고 그 이후에 무수히 쏟아져 나왔던 외계 생물 관련 영화들을 보라. 조금씩 변화는 있어도 처음의 모습에서 크게 벗어나지 않는다.

좀비도 마찬가지다. 누가 만들었는지는 몰라도 최초의 좀비 영화에 출현한 좀비와 그 이후 등장하는 좀비의 걷는 모습은 크게 다르지 않다. 다리를 질질 끌고 팔은 막 앞뒤로 꺾인다. 머리를 총으로 쏘면 죽기도 하는데 대부분의 좀비는 웬만해선 잘 죽지 않는 것도 동일하다. 잘 죽지 않으니까 좀비라고 하면 할 말이 없지만, 어쨌든 비슷하다.

아직은 최초 발견이라는 공식적 발표가 없으므로 외계인도 좀비도 실재하는 것이 아닌 상상의 산물이다. 그런데 한번 무엇이 정해지면 그것의 기능이나 모습은 그 범주를 벗어나지 못하고 그것에 얽매인다. 아빠가 그리는 전형적인 외계인의 모습이 그 증거다. 그렇게 믿으라고 강요한 사람이 없는데도 그렇다. 이러한 사실을 깨닫게 해주는 아빠의 역할이 비록 보조 역할이긴 하지만 중요한 이유다.

그런데 이런 고정관념을 깨부수면?

획기적, 혁신적이라는 말을 듣는다. 아무리 변화의 정도가 약하고 사소한 것일지라도 없던 걸 생각하거나 만들어냈다면 혁신적이랄 수는 없어도 창의적이라고 할 수 있다. 따라서 엄마 아빠와 아이도 고정관념만 부순다면 얼마든지 창의적인 사람이 될 수 있다.

엄마는 아이가 고정관념을 갖기 전에 맘껏 생각해볼 수 있는 환경을 마련해준다. 만약 아이에게 이미 고정관념이 생겼다면 그것으로부터 벗어날 수 있도록 도와준다. 이것이 엄마와 함께하는 이 책의 목적이다.

도대체 고정관념이란 무엇일까? 그 정체가 무엇이기에 우리의 창의성을 이렇게 가로막는 것일까? 정말 고정관념 때문에 우리의 생각이 제한되는 것일까? 그렇다면 고정관념은 정말 나쁜 것일까?

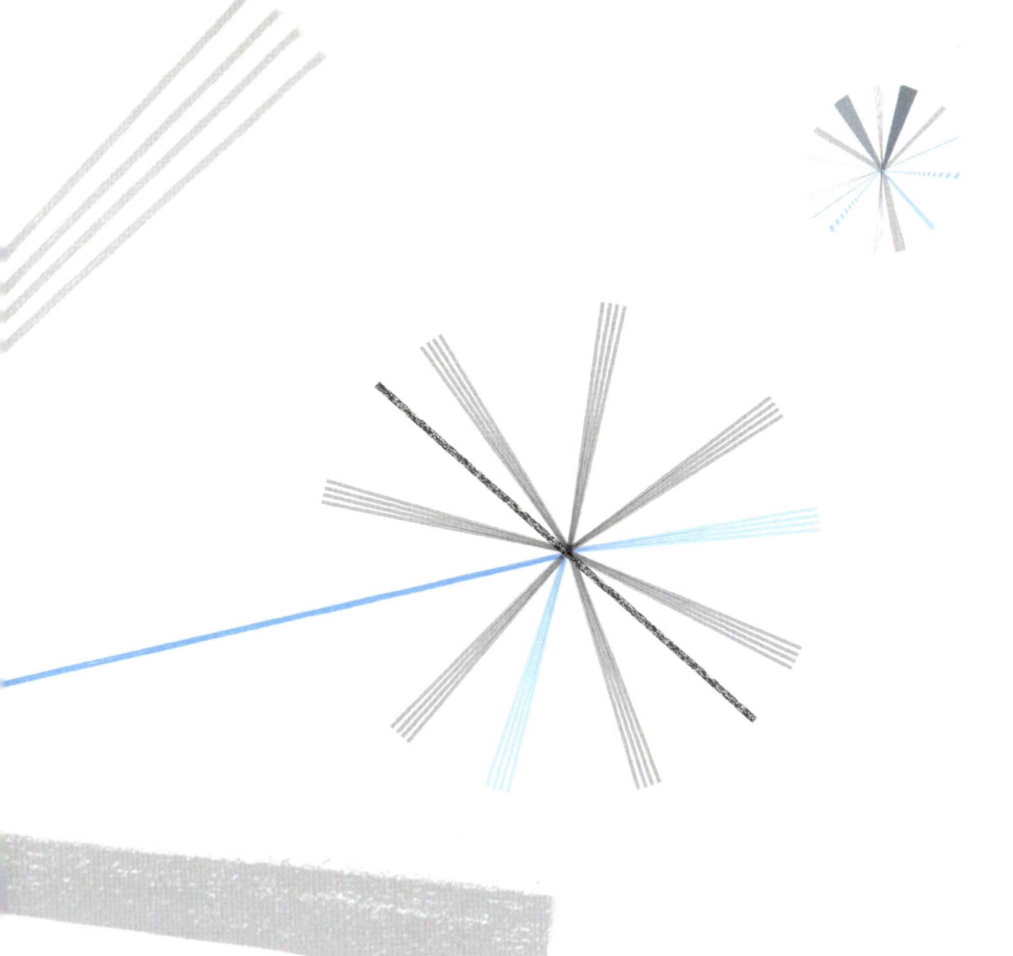

관점이 중요하다

고정관념

밥을 먹을 때 찌개는 밥상 가운데에, 국은 밥의 오른쪽에 놓는다. 국을 왼쪽에 놓는 사람도 있겠지만 대부분 오른쪽이다. 왜 그럴까?

오른손잡이의 경우, 밥은 중간에서 약간 왼쪽에 두고 먹는다. 밥그릇을 왼손으로 잡고 먹을 때 편하기 때문이다. 그런데 국이 밥 왼쪽에 있다면 두 팔이 서로 교차하게 된다. 그리고 국을 왼쪽에 두면 오른쪽에 있는 것에 비해 멀기 때문에 국물을 흘리기 쉽다. 오래전부터 내려온 문화이기도 하지만 국을 밥 오른쪽에 놓는 데는 다 이유가 있었다.

국을 밥 오른쪽에 놓는다는 건 고정관념일까, 아닐까? 만약 고정관념이라면, 그것을 깨기 위해 오늘부터는 국을 밥 왼쪽에 놓고 먹어야 할까? 평생 국을 오른쪽에 놓아왔다면 고정관념이 맞다. 그리고 오늘부터 국을 밥 왼쪽에 놓고 먹는다면 고정관념을 깨는 것도 맞다.

하지만 대부분 그렇게 하지 않는다. 지금까지 아무 불편 없이 잘 먹어왔던 국의 위치를 바꿀 특별한 이유가 없고, 그런다고 딱히 눈에 띄는 이점도 없기 때문이다.

그렇다! 고정관념이라고 해서 다 나쁜 것이 아니다. 그리고 그것을 깨는 창의적인 방법 역시 '창의적'이라는 말을 들을지 몰라도 반드시 좋은 것도 아니다.

고정관념은 깨는 것이 좋을까, 그냥 두는 것이 좋을까?

그냥 두는 것이 좋다. 좋은 걸 더 좋게 하기 위해서가 아닌 다음에야 깰 이유가 없다. 만약 좋지 않았다면 고정되기 전에 바뀌었을 것이므로 고정되었을 리 없다. 그런데 고정되었다. 따라서 고정관념은 좋은 것이다.

단, 새로운 생각을 위해서라면 깨버려라. 고정관념은 새로운 생각에는 걸림돌이 되기 때문이다. 그 새로운 생각이 이전보다 나은지 못한지는 별개의 문제다.

'우산은 원형이다'는
고정관념일까?

우산의 형태를 보자. 우산은 원형이지 사각형이 아니다. 왜 그럴까? 원형이 사각형보다 접고 펼 때 편할 것이란 추측을 제외하고는 특별한 이유가 없다.

우산은 비를 피하기 위해 쓰는 것이다. 그런데 사람은 위에서 보면 다음 〈그림〉처럼 좌우방향으로 뻗은 어깨로 인해 가로가 길고 세로가 짧다.

배가 불뚝 앞으로 나오지 않았다면 누구나 다 그렇다. 당연히 우산의 모양도 직사각형이 원형보다 비를 막는 데 유리하다. 두 사람이 우산을 함께 쓸 땐 더 그렇다. 그런데도 우산은 원형이다. 왜 그럴까?

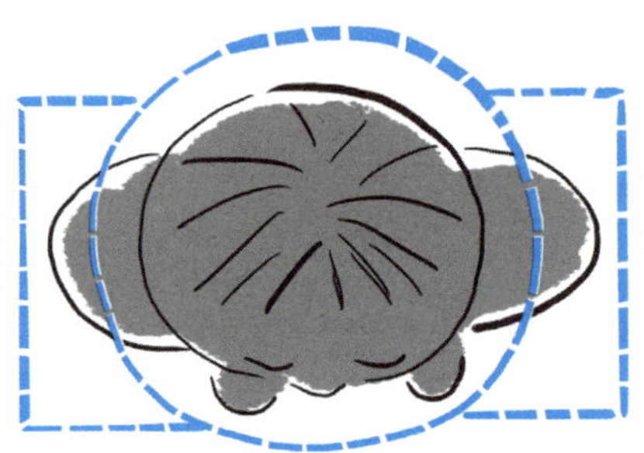

우산은 원형이다!

아무도 강제로 정한 바 없는 고정관념 때문이다. 이것이 우산을 사각형으로 만들면 어떨까라는 새로운 생각을 원천봉쇄하는 걸림돌이다. 무엇이든 한번 형태가 정해지면 웬만해선 그것이 변하지 않는다. 그만큼 고정관념은 새로운 생각을 가로 막는 벽이다. 문제는 또 있다.

가로가 긴 직사각형 우산은 어떨까?

고정관념은 깨는 것보다 찾는 것이 더 어렵다

커피는 빨대로도 마시지만 막걸리는 빨대로 마시지 않는다. 대신 사발로 마신다. 막걸리를 빨대로 마시는 사람은 아직 못 봤다. 그러면 막걸리를 사발로 마시는 것은 고정관념일까? 또 치킨에는 맥주가, 양복에는 넥타이가 어울린다. 치킨과 맥주, 양복과 넥타이의 조합은 어떻게 봐야 할까? 막걸리를 빨대로 마시겠다고 고집 피우면 내버려두면 된다. 어쩌겠는가. 하지만 이런 사람은 거의 없다. 치킨과 함께 맥주를 마시는 사람은 많다. '치맥'이라는 신조어도 생겼다. 그렇다고 치맥을 고정관념으로 생각하지는 않는다. 아무리 치맥이 좋다고 외쳐도, 치킨과 함께 소주를 마시는 사람도 많기 때문이다. 하지만 양복과 넥타이의 조합은 고정관념이 맞다. 양복을 입을 때는 넥타이를 맨다는 것이 근거다. 그런데 여름에는 넥타이를 매지 않는 사람도 많다. 덥고 불편하기 때문이다. 사실 인지하지 못했을 뿐, 양복을 입으면 반드시 넥타이를 매야 한다는 고정관념을 깼기에 이것이 가능했다.

이처럼 고정관념을 깨는 것은 그리 어렵지 않다. 그렇게 해서 새로운 이점이 생긴다면 깨버리면 된다. 그런데 고정관념은 그것을 깨는 것보다 무엇이 고정관념인지를 찾는 게 더 어렵다. 문제는 이것이다.

날개 없는 선풍기가 나오니까 선풍기는 날개가 있어야 한다는 고정관념을 깬 혁신 제품이라고 말한다. 그 전에는 선풍기에서 무엇이 고정관념인지 몰랐다. 챙이 평평한 모자가 등장하자, 모자의 챙을 구부리는 건 고정관념이라고 한다. 접이식 우산이 나오기 전까지, 우산은 원형이어야 한다는 것보다 우산은 접을 수 없다는 것이 고정관념이었다. 하지만 어느 날 사각형 우산이 나오면 비로소 사람들은 말할 것이다. 우산은 원형이어야 한다는 게 고정관념이었다고.

만약 결혼식 하객이 슬리퍼를 신고 왔다면 뭐라고 하겠는가? 그 사람의 면전에서는 못하지만 뒤에서는 예의 없는 사람이라고 한다. 왜 그럴까? 우리가 알고 있는 상식에서 벗어난 모습이기 때문이다. 그런데 만약 어느 하객이 양복에 넥타이를 매고 구두를 신었지만 양말은 신지 않았다면 뭐라고 할까? 얼마 전까지만 해도 슬리퍼를 신고 온 사람과 같은 취급을 했다. 양복에 맨발이라니? 그런데 요즘은 그런 패션을 굳이 손가락질하지 않는다. 대신 파격적이라고 한다. 왜? 아직 많지는 않지만 젊은 사람들 사이에서 맨발에 구두 차림이 점차 늘고 있기 때문이다.

파격이 뭔가? 격식을 깨는 거다. 슬리퍼를 신은 것도 파격에 속한다. 하지만 슬리퍼 차림은 예의가 없다고 하지 파격이라고 하지 않는다. 아직까지는 슬리퍼를 신고 결혼식에 오는 사람이 많지 않아서일까? 아니면 아무래도 그건 아니라는 사람이 대다수이기 때문일까?

결혼식 하객의 경우, 슬리퍼족과 맨발 구두족 중에서 누가 고정관념을 깬 사람일까? 여기에 더해 반바지를 입고 온 하객도 한 명 추가해보자. 물론 계절은 여름이다. 한 명은 반바지에 양말을 신은 구두 패션이고, 한 명은 양복에 맨발 구두 패션이다. 그리고 뒤를 이어 슬리퍼를 신은 하객이 나타났다. 이 세 명 중 고정관념을 깬 창의적인 사람을 한 명 골라보자. 당신은 누구를 선택하겠는가?

모두 이유가 있을 테다. 반바지는 너무 더워서고, 슬리퍼는 집에서 나올 때 늦지 않으려고 급히 서둘러서다. 그런데 맨발 구두 패션은 약간 다르다. 양말을 신지 않았다고 그렇게 시원할 것 같지도 않고 급히 나오느라 미처 양말 신는 걸 깜빡한 것 같지도 않다. 만약 발목 양말을 신었다면, 나름의 패션 감각 때문인 것으로 보인다. 유명 연예인들이 종종 그렇게 하고 TV에 나오기 때문이다. 가장 판단이 어려운 것은 발목 양말도 신지 않은 채 맨발로 구두를 신은 사람이다. 이 사람은 도대체 뭐라고 판단할 수가 없다.

그래서 나온 결론은 다음과 같다.

✔ 고정관념이냐 아니냐를 확정짓지 않는다. 따지지도 않는다.

✔ 결과물을 가지고, ○○이 고정관념이라고 선언하지 않는다.

✔ 무엇이든 생각에 걸림돌이 되면, 그것은 고정관념으로 간주한다.

✔ 고정관념을 찾았으므로 그것을 깬다.

아이는 어른과 달리 아직 고정관념이 없다. 고정관념은 아이가 자라면서 눈에 보이진 않지만 조금씩 쌓이기 시작한다. 엄마의 편향된 생각이 아무도 몰래 영향을 미치기 때문이다. 따라서 엄마는 아이에게 없던 고정관념을 심어주지 않도록 특히 주의해야 한다.

가장 좋은 것은 고정관념에 대한 아무런 설명 없이 있는 그대로 보여주면서 대화하는 것이다. 예를 들면 아이에게 이런 질문을 던진다. 이건 꼭 있어야 할까? 빼면 어떻게 될까? 더하면? 나누면? 곱하면? 엄마가 수학에서 배웠던 걸 아이가 생활에 적용할 수 있도록 이끌어주는 한편 때로는 이렇게 제안해본다.

"거꾸로 해보면 어때? 다르게 생각해보면 어떨까? 예를 들면 이렇게!"

(이에 대해서는 05 더하고 곱하고 나누고 빼면?과 06 다 뒤집어라! 엎어라!에서 자세히 다룬다.)

쓸데없는
유창성,
융통성,
독창성 타령

아이들에게 물어본다.

"신발의 용도를 바꿔본다면? 신발로 무엇을 할 수 있을까?"

한 아이가 대답한다.

"신발은 고양이가 시끄럽게 울 때 던져요."

이 아이는 독창적일까? 다른 아이가 대답한다.

"손 시릴 때 신발 속에 손을 넣어 장갑으로 사용해요."

이 아이는 융통성이 뛰어난 걸까, 독창적인 걸까?

다른 아이들은 저마다 신발을 오리발로 쓴다, 컵으로 쓴다, 베개로 쓴다고 대답한다. 신발을 이렇게 다양한 용도로 사용하겠다고 하는 이 아이들은 대체 무엇이 뛰어난 걸까?

아이의 생각을 두고 유창성, 융통성, 독창성으로 나누어 구분해봤자 아이에게는 별 도움이 되지 않는다. 순발력이 떨어져서 당시에는 대답하지 못했지만 시간이 흐를수록 점점 놀랄 만큼 독특한 생각을 떠올리는 아이도 있다. 짧은 시간에 수많은 아이디어를 쏟아내지만 그때뿐, 나중에는 더 이상 생각조차 하지 않으려는 아이도 있다. 어느 쪽이 좋고 나쁘다고 누가 장담할 수 있단 말인가?

아이의 생각을 칼로 무 자르듯 구분하지 말자. 그것에 대한 점수를 매기는 식의 평가는 더더욱 하지 말자. 멀쩡한 아이만 괜히 움츠러들게 할 뿐이다.

구분해서 좋은 점이 한 가지 있긴 하다. 아이의 부족한 부분을 찾아낼 수 있다는 점이다. 하지만 엉뚱한 점을 지적했다면 그땐 어떻게 할 것인가? 매우 위험한 일이다. 게다가 모든 면에서 뛰어난 아이는 없다!

쓸데없는 구분법은 또 있다. 생각하는 방법을 '수렴적 사고'와 '발산적 사고'로 나누는 것이다. 문제 해결과 창의성, 아이디어 등에 관한 책을 펼치면 심심찮게 등장하는 개념이다. 수렴적 사고는 여러 가지 아이디어를 분류하고 최적의 것을 찾는 논리적인 방법이고, 발산적 사고는 새로운 것을 만드는 창의적인 방법이다. 문제는 그렇게 구분해서 얻는 것이 별로 없다는 데 있다. 사고력을 연구하는 학자나 의사면 몰라도 우리에게는 도움이 되지 않는다.

어떤 의견을 수렴할 때 보통 사람과 달리 매우 독특한 방법으로 모으고

정리했다면 이건 수렴적 사고일까, 발산적 사고일까? 그리고 그것이 수렴식인지 발산식인지 알면 어쩔 것이며, 아니면 또 어쩔 것인가? 그것이 어떤 도움이 된다는 걸까? 사실 이런 구분은 도움은커녕 오히려 '생각하는 방법'에 대한 새로운 고정관념을 만든다. 정말 아이에게는 전혀 도움될 게 없는 분류이고 주장이다.

좌뇌, 우뇌의 역할에 대한 구분도 마찬가지다. 좌뇌는 논리적 사고를, 우뇌는 창의적 사고를 담당한다고 한다. 이것을 굳이 의심할 필요는 없지만 무시하는 것이 낫다. 좌뇌와 우뇌의 역할이 무엇이든, 우리가 그것을 좌우로 구별하여 따로따로 사용할 방법이 없기 때문이다.

우리는 이렇게 생각해야 한다.

✔ 아이의 사고력을 유창성, 융통성, 독창성 등으로 구분하지 말자.
✔ 생각하는 방법을 수렴적 사고와 발산적 사고로 구분하지 말자.
✔ 좌뇌와 우뇌의 역할 및 구분은 그냥 무시하자.

머리를 쥐어짜면서 나눠봐야 실제로 생각하는 데 아무런 도움이 되지 않는다.

트렌드와 창의력

트렌드는 유행을 뜻하는 영어다. 영어는 주요 과목이다. 이것은 아주 오래전부터 '국영수' 왕좌에서 물러남 없이 굳건히 자리를 지키고 있다. 글로벌 시대라고 외치기 전부터 이미 영어의 위상은 하늘 높은 줄 모르고 치솟았다. 그야말로 절대 강자다. 모두가 인정한다.

그런데 변하지 않을 줄 알았던 영어에도 변화가 생겼다. 모두 영어를 잘하기 때문이다. 영어 잘하는 사람의 희소적 가치가 점차 떨어지는 추세다. 그래도 영어는 여전히 주요 과목이다. 입시뿐 아니라 회사에서도 영어 잘하는 사람을 우대한다. 하지만 앞으로 영어의 운명이 지금과 같을지는 아무도 모른다. 영어 역시 다른 것들처럼 유행이 지나 찬밥 신세가 될지 아니면 세월에 관계없이 계속 강자로 남을지 아무도 모른다.

알파고 덕분에 인공지능이 주목받고, 포켓몬고 덕분에 증강현실AR이 알려졌다. 이것들은 어느 날 갑자기 나타난 것일까? 인공지능과 증강현실은 알파고와 포켓몬고 훨씬 이전부터 연구해왔다. 그런데 어느 날 갑자기 대세로 자리 잡는다. 마치 그것을 모르면 큰일 날 것처럼 매스컴에서 떠든다. 그러고는 곧바로 트렌드가 된다. 인문학도 그랬고 셰프라는 직업도 그랬다. 언제는 글 쓰지 않았고 요리하지 않았던가?

챙이 평평한 야구 모자가 나타났다. 보기 싫다고 말하면 구세대라며 무시한다. 모자의 챙은 햇빛을 가리기 위한 용도인데 뒤로 돌려 쓴다. 유명 연예인이 입거나 신으면 그것을 모두 따라 한다. 맨발 혹은 발목 양말을 신고 구두를 신는다. 사실 모두가 따라 하면 더 이상 개성이 아니다. 야구 모자의 평평한 챙은 언제 다시 꺾일지 모르고 꺾이는 방향도 얼굴 쪽이 아니라 머리 쪽으로 꺾일지 모른다. 그러니까 트렌드다.

무엇이 새로운 트렌드를 만들어낼까?

바로 창의성이다!

맨발 구두와 평평한 챙 야구 모자부터 인공지능과 증강현실AR에 이르기까지, 트렌드를 만들어내는 건 다름 아닌 창의성이다. 창의성은 국영수만큼 중요하다고 외치면서도 그냥 내버려두는 과목이다. 학교에서는 아예 가르치지도 않는다.

창의력은 어린 시절부터 키워주면 키워줄수록 성장한다. 엄마가 나서서 교육해야 하는 이유다.

그런데 지금의 트렌드가 아이의 미래와 관계가 있을까? 트렌드를 무시하자는 말이 아니다. 현재의 트렌드 때문에 아이의 적성을 잘못 판단하는 오류는 피하자는 이야기다. 지금 5~10세인 남자아이가 대학을 졸업하고 군대에 갔다 오면 대략 25~30세가 된다. 이때부터 본격적으로 사회생활도 하고 일도 한다. 지금부터 딱 20년 후다!

지금의 트렌드가 20년 후에도 트렌드일까? 절대로 그럴 리 없다.

누구 창의력이 더 뛰어날까?

어떤 엄마든 종종 자신의 아이가 천재라는 생각을 한다. 특히 아이가 어릴수록 이런 믿음이 수시로 나타난다. 사실은 그러길 바라는 희망이 커서 그렇다. 그리고 실제로 아이를 키우다 보면 아이의 창의성에 깜짝깜짝 놀랄 때도 많다. 정말 내 아이는 창의적일까? 다른 아이도 마찬가지일까? 진실은 아무도 모른다. 알 방법도 없다. 하지만 아이들의 창의력을 서로 비교하는 것은 무조건 잘못이다. 내 아이의 창의력을 다른 아이와 비교하는 것은 마치 내 남편과 이웃집 남편을 비교하는 것만큼이나 쓸데없고 헛된 일이다. 자신의 아이와 다른 아이를 비교하지 말자. 감정과 시간 낭비다.

엄마가 집중해야 할 질문은 이것이다.

내 아이의 창의력을 위해 무엇을 어떻게 해야 할까? 아이의 창의력은 알 수도 없고 비교할 수도 없다. 하지만 엄마의 노력에 따라 지금보다 훨씬 더 창의력을 키울 수 있다! 엄마가 적극적으로 창의력 키우는 방법을 배우고 아이와 함께 꾸준히 실천하자. 성의만 있다면 전혀 어렵지 않다. 알고 보면 정말 쉽다.

(이에 대해서는 05 더하고 곱하고 나누고 빼면?과 06 다 뒤집어라! 엎어라!에서 자세히 다룬다.)

비교하지 마!

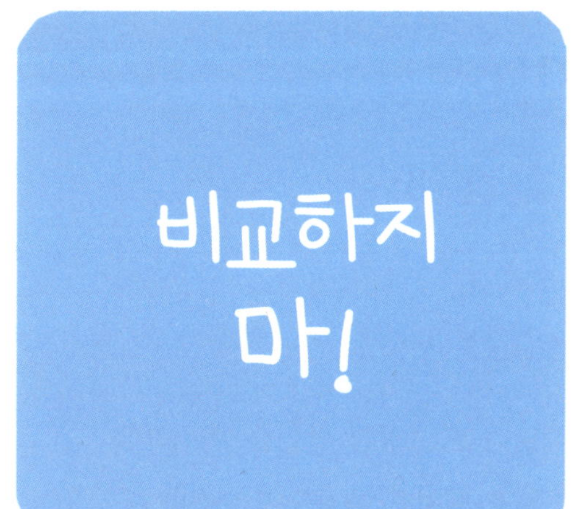

삐이
삐이
여보, 세탁기 다 돌아갔어!
빨래 좀 널어줘.
이것 좀 보고.

은수 아빠는 주말이면
요리도 한다는데.
나도 하는데.

은수 아빠는 청소며 빨래까지
다 한다더라.
그래서
뭐?

엄마!
은수 아빠 갖고 싶어?
그럼 이걸로 사와!
아빠 지갑

유태인의 교육은 특별할까?

가끔 유태인 교육에 대한 의견을 말해달라는 요청을 받는다. 이스라엘의 유명한 창의교육 회사와 20년 넘게 일을 했지만 아직도 모르겠다. 유태인에 대해서는 잘 모른다. 그런데도 '교육' 하면 유태인을 떠올리는 사람들이 많기에 그들에 대한 느낌을 간략히 적어본다. 다만 이것은 지극히 개인적인 감상임을 전제로 한다.

다양성을 인정한다

'유태인 두 명이 방에 들어갔다. 들어간 지 채 5분도 안 되었는데 세 가지 의견으로 싸운다.' 그들에게서 들은 유머의 한 토막이다. 처음엔 무슨 말인가 했는데 금방 웃음이 터졌다. 유태인은 자신의 주장에 반대되는 의견을 자신이 낸다는 우스갯소리였다. 그만큼 이들은 생각이 다양하다.

유머가 풍부하다

무슨 주제로 이야기하든, 어느 순간 유태인은 상대방을 웃게 만든다. 해학이 남다르다. 도대체 무엇에서 연유한 걸까? 이유가 있을 텐데 그게 뭘까? 나름 찾아낸 건 바로 이야기의 힘이다. 어릴 때부터 그들은 수많은 이야기를 듣고 자랐다. 이야기의 원천은 〈탈무드〉로 추측된다.

노NO를 들어본 기억이 없다

웬만해선 노NO라고 하지 않는다. 서로 의견이 갈려도 윈윈win-win하는
방법이 있을 거라며 더 생각해보자고 한다. 최종적으로 내린 결론을 보
면 정말 윈윈한 것 같다. 사실 윈윈은 없다. 아무리 근소한 차이라도 반
드시 한쪽은 손해를 본다. 그런데도 이들 유태인의 말을 들어보면 마치
윈윈한 것 같은 느낌이 든다. 하지만 돌이켜보면 내가 조금 손해를 봤다.
그것도 나중에서야 겨우 깨달았다.

돈에 지독한 건 사실이지만, 벌면 나누고 베푼다

어려운 사람은 반드시 도와준다. 단, 자기들끼리만 돕는다. 한 명이 한국
으로 출장을 왔다. 얘기를 마치고 저녁을 먹으러 가는데, 초대하고 싶은
사람이 한 명 있다며 동의를 구한다. 같은 호텔에 묵고 있는 유태인이란
다. 사실 둘은 오늘 아침 호텔 엘리베이터에서 처음 만난 사이다.
이들은 전 세계 어디에서든 같은 유태인을 만나면 이렇게 서로 도움을
주고받는다.

말이 많고 급하다

이스라엘에 갔을 때의 일이다. 함께 회의를 하고 있는데 갑자기 토론을
한다. 내 눈에는 토론이 아니라 그냥 싸움 같다. 한국에 출장 와서는 이
스라엘로 전화를 건다. 의견을 교환하는가 싶더니 싸우기 시작한다. 전
화를 끊고 나서는 잘 해결됐다며 웃는다. 보통 한국 사람은 성질이 급하
다고 하는데 내가 알기로는 유태인이 한 술 더 뜬다.

무작정 속이지 않는다

비슷한 것도 비싸게 팔아 돈을 버는 경우가 있다. 그렇지만 거짓으로 속이지는 않는다. 대신 그들은 가격이 비싼 이유를 조목조목 설명하는 데 공을 들인다. 즉, 자신의 제품이 결코 더 비싼 것이 아니라 품질에 비해 오히려 싸다고 설득한다. 잘 들어보면 비싼 이유가 있긴 있다.

유태인이라고 특별난 건 없다

노벨상 수상자의 비율을 보면 놀랄 만큼 유태인이 많다. 하지만 평범한 유태인들이 훨씬 더 많다. 디아스포라Diaspora 때문인지는 몰라도 유태인들 모두가 생각이 남다르다는 공통점은 찾을 수 없었다. 유태인은 러시아계, 헝가리계, 독일계 등 각양각색이다. 몇 천 년을 흩어져 살았는데 무슨 공통점이 있겠는가? 있다면 그것이 더 이상하다. 앞서 언급한 몇 가지 공통점이 있는 건 종교 때문이다. 창의성 부분에서 유태인이 뛰어나다고 단정 짓는 건 무리다.

질문이 많긴 하지만 이것을 유태인의 특징이라고 볼 수는 없다

무엇을 물으면 되묻는 걸로 대답한다. 그런데 면밀히 살펴보면, 일종의 대화기술일 뿐이다. 일상적인 삶의 방법이다. 오늘 무엇을 배웠냐고 묻지 않고 오늘 무슨 질문을 했냐고 묻는 것을 '유태인의 특별한 교육 방식'으로 보는 건 무리다. 아이가 자랄수록 입을 닫는 것이 문제지, 어릴 때 '왜?' 하지 않는 아이는 이 세상 어디에도 없다.

관점의 차이로 행동이 달라진다

관점의 차이는 생각보다 심각하다.

"터널 지나 100미터쯤 가다 보면 길이 두 갈래로 나뉘는데 거기서 우회전 해. 그러면 극장이 나타나는데 거기서 오른쪽 골목으로 들어와."

약속 장소 정할 때 듣는 이야기다.
터널은 이쪽에서 보면 시작이지만 저쪽에서 보면 끝이다. 어디서 어느 방향으로 오고 있는지 미리 알고 말해주면 낭패가 없지만, 보통은 자기도 모르게 자기를 기준으로 말한다. 극장 오른쪽도 애매하긴 마찬가지다. 극장을 바라보면 오른쪽이지만 극장을 등 뒤에 두면 왼쪽이다. 이것이 관점의 차이다.
이런 사실을 두 사람 중 한 사람이라도 알고 있으면 괜찮은데 둘 다 모르면 둘 사이는 점점 멀어진다. 마침 터널 반대편 쪽에서도 길이 두 갈래로 나뉘면 문제는 더 걷잡을 수 없게 된다. 거기다 그곳에 극장까지 있다면 둘은 만나기도 전에 헤어진다.

관점의 차이는 방향에서만 발생하는 것이 아니다. 각자의 입장에 따라서도 완전히 뒤바뀐다. 영화에서는 항상 우리 편이 이긴다. 특히 전쟁영화는 심하다. 상대방은 눈 하나 깜짝 않고 수없이 죽이면서 우리 편은 한 명만 다쳐도 난리다. '편'의 속성이 그런 거지만, 그 편이 바뀌면 상황은 180도 바뀐다. 좋은 사람이 나쁜 사람 되고 나쁜 사람이 좋은 사람 된다. 정치가도 같다. 입장에 따라 같은 걸 놓고 첨예하게 대립한다.

스포츠도 마찬가지다. 달리기나 양궁처럼 기록경기는 상관없는데 태권도나 유도 같은 격투기는 편에 따라 완전히 표변한다. 경기 종료까지 10초 남았는데 상대 선수가 시간을 끌면 치사하다고 하고 우리 선수가 그러면 영리한 두뇌 플레이라고 한다.

아이가 유치원에서 돌아왔는데 눈두덩에 멍이 들었다. 싸운 것이 분명하다. 이겼는지 졌는지부터 묻는 아빠가 있다. 그런데 상대방 아빠도 똑같이 묻는다면? 한쪽이 이겼으면 다른 쪽은 져야 할 텐데, 이 싸움은 둘 다 이긴다. 물으나마나한 걸 묻고 있다.

관점과 입장은 다르다. 관점에 따라 호불호뿐 아니라 옳고 그름까지 달라진다. 그런데 관점은 본인의 입장에 따라 바뀐다. 스스로 인지하지 못할 뿐. 이렇게 보면 이게 옳지만 그렇게 봐줄 수 없는 입장에서는 그게 옳지 않다고 주장할 수밖에 없다. 앞서 말했듯이 전쟁이 그렇다. 전쟁 치르는 국가치고 대의명분을 내세우지 않는 국가는 없다. 모두 타당한 이유와 핑계가 있다. 일방적인 침략인 경우조차 '침략하지 않으면 안 되는 이유'는 반드시 있다. 이걸 명분이라고 하는데 사실 모두 아전인수다.

입장이 관점을 앞서기 때문이다. 결국 관점을 달리해볼 여유가 없다. 자기의 입장이 더 중요하기 때문에 여유가 없는 것이다. 그런데 왜 관점을 입장보다 더 중요시해야 할까?

입장은 가르치지 않아도 저절로 아는데 관점은 그렇지 않기 때문이다.

아이에게 입장보다는 관점의 차이를 가르쳐야 하는 이유다.

영희와 철수가 치고받고 싸웠다. 철수에게 왜 때렸냐고 물었더니 영희가 먼저 자기를 때려서라고 대답한다. 영희한테도 똑같이 물었다. 그랬더니 철수가 먼저 자기를 때려서라고 대답한다. 둘의 대답이 같다. 신기하게도 아무리 동시에 주먹을 날렸다고 해도 한 사람의 손이 먼저 닿았을 텐데 동시에 닿았단다.

하지만 우리는 안다. 분명히 먼저 때린 사람이 있다는 것과 거기에는 반드시 이유가 있다는 것을. 그렇다면 '누가 먼저'라는 순서가 중요할까, 아니면 '왜 그랬을까?'라는 원인이 중요할까?

어떠한 경우에도 폭력은 안 된다고 하지만 사람은 약이 오르면 선을 넘게 돼 있다. 도를 닦기 전에는 그게 맘대로 되지 않는다. 그래서 법이 있고 판사가 있는 것이다.

결국 입장이라는 것은 이기적인 인간의 본능이다. 물론 전쟁과 달리 교통사고에는 100퍼센트 일방적 과실도 있다. 그런데도 100퍼센트는 없다는 게 현실이다. 가만히 서 있기만 했는데 뒤에서 받아놓고 왜 하필 그때 거기에 정차해 있었냐는 식이다. 억지도 그런 억지가 없다. 하지만 목소리 크면 이기는 줄 아는 사람이 어디 한둘인가? 이처럼 입장은 굳이 가르쳐주지 않아도 스스로 안다. 하지만 관점은 다르다.

아이가 커서 무엇이 되든, 관점의 차이를 아는 것과 모르는 것은 하늘과 땅의 차이다. 특히 창의성 부분에서는! 이것을 배운 아이와 그렇지 못한 아이는 성장했을 때 그 관점만큼이나 큰 차이가 난다. 무엇이든 관점에 따라 바뀔 수 있기 때문이다.

엄마
내 츄츄 봤어?
후추?

아니 츄츄!
내 책상 위에
놔뒀는데...
혹시 구겨진
휴지...

맞아!
어딨어?
쓰레긴 줄 알고
버렸는데?

내 소중한 츄츄를
버렸다고? 엄마는 그게
쓰레기라고 생각했어?

1. 아이와 술래잡기 놀이를 하는데, 엄마는 일부러 머리를 감추고 몸은 보이도록 숨는다. 놀이가 끝나면 아이에게 제 손으로 눈을 가리게 한다.

"손으로 눈 가리니까 엄마 보여? 그래, 안 보이지? 근데 엄마는 네가 보여. 반대도 마찬가지야. 엄마도 이렇게 눈 가리면 네가 안 보여. 넌 엄마 보이지?"

너무나 당연한 얘기지만, 술래잡기에서나 당연하지 어른이 되면 이 사실을 까맣게 잊는다. 어른들은 자신에게 보이지 않는 건 다른 사람에게도 보이지 않는 줄 안다.

2. 아이가 그림을 그리면 엄마도 같은 물건을 다른 각도에서 보고 그린다. 주전자를 그린다면, 아이는 주전자의 옆모습을 그릴 것이다. 엄마는 일부러 위에서 본 주전자의 모습을 그린다. 그리고 서로의 그림에서 다른 점을 이야기한다.

잘 그리고 못 그리고는 문제가 아니다. 다른 각도에서 보면 매우 다르게 보인다는 것을 보여주는 게 목적이다. 만약 주전자를 아주 멀리서 봤다면, 종이에 점만 찍을 수도 있다. 이렇게 관점에 따라서 완전히 달라진다는 걸 아이가 보고 느끼게 해준다.

엄마, 아빠, 아이 셋이서 함께 한 가지 사물을 그려도 좋다. 단, 세 명 모두 다른 각도에서 그린 다음 결과를 함께 보도록 하자. 이것만으로도 아이는 관점의 차이를 깨닫

어느 쪽에서 보느냐에 따라 주전자의 모양은 완전히 달라진다.

3. 관점은 관찰과 밀접한 관계가 있다.

영화를 볼 때 한번 이렇게 해보자. 스토리와 관계없이 배경을 본다. 화면의 중심을
보는 게 아니고 다른 곳도 본다. 그냥 스쳐 지나치는 사람도 본다. 가게도 보고 벽에
쓰여 있는 낙서도 본다. 보통 영화 한 편을 보게 될 때, 우리는 감독이 보여주기로 의

도한 부분만을 보게 된다. 인물 없이 풍경이나 거리를 보여줄 때는 전체가 눈에 들어와 이것저것 여기저기를 볼 수 있지만 화면에 누가 나타나면 자연스레 인물을 따라 시선이 움직인다. 그러지 않으면 주요 장면과 내용을 놓치게 된다.

그런데 이번에는 관람객인 나의 의도대로만 보자는 것이다. 다양한 관점을 갖기 위해서다. 화면에 주인공이 나타나 매우 중요한 대사를 말할 때도 주인공보다는 배경을 보는 식으로.

미국 할리우드에서 만든 블록버스터를 보자. 배경은 처음부터 끝까지 멕시코다. 멕시코에는 한 번도 가본 적이 없다. 이 영화를 보고 난 다음 멕시코 가게와 거리, 건물 등에 대해 얼마큼 기억하는지 생각해보라. 아마 영화를 보기 훨씬 전 사진을 통해 봤던 멕시코 특유의 모자와 기타 치는 모습 정도 말고는 별로 기억나지 않을 것이다. 우리의 눈은 주인공만 따라 바삐 움직였기 때문이다. 그러나 화면 구석에 잠깐 나타났다 사라진 아이들, 주인공이 순식간에 권총을 꺼내들고 악당을 향해 쏠 때 그 뒤에 있던 구조물, 아이스크림 가게 등등 볼거리는 수없이 많았다.

영화를 이렇게 다른 관점으로 보기 시작하면 새로운 재미가 생긴다. 처음에는 영화를 두 번째 볼 때 적용해본다. 이렇게 관점을 달리해 영화를 보다 보면, 아예 처음부터 남이 못 보는 걸 많이 볼 수 있다. 이 방식을 아이에게 알려준다.

다른 쪽도 폭넓게 보라고!

이런 경험이 아이의 머릿속에 쌓이면 어느 순간 아이는 남들과 다른 '발견'을 한다.

자기만의 독특한 관점이 생기는 것이다.

우리 집 전래동화 창작하기

창작은 결코 쉬운 일이 아니다. 책이든 음악이든 '최초'로 만드는 것이기 때문이다. 그러다 보니 종종 모방과 표절이 등장하는데 이 둘은 엄연히 다르다.

인간은 모방을 통해 배운다. 아이에게는 필수적인 능력이다. 표절은 어른들이 하는 것으로 원본의 일부를 짜깁기해 교묘히 편집하거나 베낀다. 그러다 들키면 우연이라며 염치없이 변명한다. 그런데 모방은 대놓고 따라한 것이므로 부끄러워할 이유가 없다. 유명 연예인의 목소리를 흉내 내면 박수를 받는다. 비슷하면 비슷할수록 잘한다며 환호한다.

전래동화는 권선징악이 많다. 그리고 기록보다는 대부분 입에서 입으로 전해져온 것들이다. 따라서 책마다 조금씩 다르다. 하지만 결국 욕심 부리지 마라, 착한 마음씨를 가져야 한다는 걸 내세우는 건 같다. 그래서 전래동화의 구성이나 에피소드들은 대개 모방의 범주에 들어 있다. 〈혹부리 영감〉과 〈금도끼 은도끼〉는 구조와 주제가 비슷하다. 혹 떼러 갔다가 혹 붙인 것이나 일부러 도끼를 빠뜨렸다가 화를 당한 것도. 두 이야기의 교훈은 한마디로 '정직하게 살아라'다.

그런데 다른 점도 있다. 혹부리 영감은 아름다운 노래가 혹에서 나온다며 '거짓말'을 했지만 일부러 도끼를 빠뜨린 욕심쟁이는 거짓말을 하지 않았다. 일부러 빠뜨렸다는 것을 산신령께 말하지 않은 건 잘못이지만, 사실 그가 한 일은 착한 나무꾼을 흉내 낸 것이 전부다. 그런데 첫 번째 혹부리 영감은 혹도 없어지고 부자가 되지만 두 번째 나무꾼은 벌을 받는다. 또 두 번째 혹부리 영감도 혹을 떼어내고 싶어 따라 했는데 오히려 혹을 붙이고 왔다.

여기서 잠깐!

첫 번째 혹부리 영감처럼 거짓말을 해도 문제없는 걸까?

첫 번째 혹부리 영감은 도깨비들이 겁을 주니 무섭기도 했고 당황하기도 했다. 그래서 얼떨결에 자기도 모르게 거짓말을 했다. 혹에서 노래가 나온다고! 중요한 것은 이 대목이다. 과연 혹부리 영감이 그렇게 대꾸하면 도깨비들이 혹을 떼어갈 것이란 걸 미리 알았을까? 만약 알고 그랬다면 치밀한 계산에 의한 거짓말이 되겠지만, 몰랐다면 생존 본능에 따른 악의 없는 거짓말이다.

누가 봐도 첫 번째 혹부리 영감은 도깨비들이 혹을 떼어가리란 것을 전혀 몰랐다. 하지만 두 번째 혹부리 영감은 그 결과를 미리 알고 의도적으로 거짓말을 했다. 도깨비들이 순진해서 처음 혹부리 영감의 말은 믿었지만 두 번은 속지 않는다는 걸 몰랐다. 따라서 두 번째 혹부리 영감이 잘못한 것은 크게 두 가지로 요약할 수 있다.

✔ 최초의 거짓말을 그대로 베낌으로써 모방이 아닌 표절을 했다.
✔ 상대방(도깨비)을 과소평가했다.

〈금도끼 은도끼〉도 살펴보자. 욕심쟁이 나무꾼의 결정적인 잘못은 무엇일까? 결과적으로 지나친 욕심이 화를 불러온 것이 되겠지만, 무엇보다 어설프게 흉내를 냈다는 게 큰 잘못이다. 물론 이 나무꾼도 두 번째 혹 부리 영감처럼 상대방인 산신령을 우습게 본 것도 잘못이다.

이제 아이와 함께 표절이 아닌 모방을 하면서, 전래동화의 몇몇 부분만 바꿔보는 창작을 해보자. 전래동화만큼 아이의 상상력을 키울 수 있는 장르도 드물다. 그것을 '변형'시키는 놀이는 매우 재미있고 가치가 있다. 창의력을 한 차원 수준 높게 키울 수 있다.

전래동화 내용 중 원인이 되는 부분을 바꾸자. 그래야 창의력 키우기에 효과적이다.

자, 그럼 우리 집만의 전래동화를 창작해보자.

예를 들어 〈선녀와 나무꾼〉으로 정했다고 하자. 나무꾼은 선녀가 목욕할 때 몰래 숨어서 훔쳐본다. 그리고 선녀의 옷을 훔친다. 이것이 권선징악적 결말에 이르는 가장 결정적인 원인이다. 그런데 나무꾼은 어떻게 몰래 훔쳐볼 생각을 했을까? 또 그것도 모자라 날개옷을 훔칠 생각까지? 선녀는 어쩌라고?

엄마는 나무꾼이 숨어서 훔쳐보게 하지 말고 선녀의 날개옷도 훔치지 않는 것으로 바꾼다.

엄마는 아이에게 이렇게 말한다.

"나무꾼도 연못에 들어가 선녀와 함께 물장구를 치고 놀았다면 어떻게 되었을까?"

나머지 이야기는 아이에게 맡긴다.

엄마가 할 일은 아이가 좋아하는 전래동화를 고르고, 아이와 함께 새로운 이야기를 만드는 것이다. 그리고 원인을 이렇게 바꾸면 어떻게 되는지 물어보는 것이다.

호랑이와 곶감

① "호랑이 왔다. 울지 마라." 엄마가 말하자 아이가 울음을 뚝 그쳤다면?

② 그래도 아이가 계속 우는데, 곶감 대신 탕수육이라고 했다면?

③ 그때 마침 소도둑이 아니라 탕수육을 배달하는 사람이 나타났다면?

④ 그리고 철가방을 든 채 호랑이 등에 올라탔다면?

도깨비 방망이

① 두 번째 소년은 왜 실패했을까?

② 정말 성공할 수 있는 방법은 없었을까?

③ 도깨비 방망이의 특징은 뭘까?

도깨비 방망이는 '나와라 뚝딱!' 하기만 하면 무엇이든 다 나온다. 그렇다면?
도깨비 방망이를 들고 '도깨비 방망이 나와라 뚝딱!' 하면 끝이다. 괜히 첫 번째 소년을 어설프게 흉내내봐야 도깨비들에게 두들겨 맞기만 한다. 대신 남들이 하지 않았던 창의적인 생각을 하면 위험하게 도깨비를 찾아갈 일도 없다.
이런 식으로 아이와 함께 의견을 나누면서 전래동화 바꾸기 놀이를 한다.

문제를 창의적으로 해결하는 방법

내일 중요한 자리에 참석하기로 되어 있다. 헤어숍에서 큰돈을 투자해 머리를 다듬었다. 집으로 걸어가고 있는데 갑자기 비가 쏟아지기 시작한다. 우산이 없다! 어떻게 할 것인가? 일단 가방으로 머리부터 보호한다. 그리고 뛴다. 몸에 비를 맞거나 흙탕물이 튀는 건 지금 문제가 아니다. 중요한 건 머리카락이다.

그런데 아뿔싸, 나는 지금 가방이 없다! 동네 가까운 헤어숍에 간다고 작은 지갑만 주머니에 넣고 나왔다.

문제가 발생했다. 무엇이 문제인가?

1. 비가 오는 것
2. 우산이 없는 것
3. 머리에 비를 맞는 것

누구나 문제가 발생하면 해결한다. 그런데 눈앞에 보이는 문제를 해결할 뿐 근본 원인을 파악해 그것을 없애려는 사람은 많지 않다. 지금 문제의 근본 원인은 무엇인가? 비가 오는 것이다. 하지만 이건 인간이 어쩔 수 없다. 따라서 그다음 원인을 찾는다. 무엇인가? 우산이 없는 것이다. 문제 해결은 우산을 구하는 것이 된다. 가까운 가게에서 우산을 사면 문제는 해결된다. 이런 식으로 산 비닐우산이 집에 이미 열 개가 넘게 있다. 또 사는 것이 망설여진다. 그래도 우산을 살 것인가? 다른 방법은 없을까? 이럴 때 창의적인 문제 해결을 위한 독특한 방법이 있다.

'원하는 것'을 먼저 정하고 (　　　)가 들어간 문장을 만든다.

(　　　)가 원하는 것을 이루는 역할을 한다.

괄호에 눈에 보이는 것을 하나씩 넣고 원하는 걸 이룰 수 있는지 생각한다. 지금 원하는 것이 무엇인가?

어떻게 해서든 머리에 비가 닿지 않도록 하는 것이다. 다음과 같이 문장을 만든다.

(　　　)가 머리에 비가 닿지 않도록 하는 역할을 한다.

우산을 쓰고 지나가는 사람이 보인다.

(지나가는 사람)이 머리에 비가 닿지 않도록 하는 역할을 한다.

해결책이 번쩍 떠오른다.

"우산 좀 같이 쓰면 안 될까요?"

바로 옆에 가게가 보인다면 괄호는 이렇게 채운다.

(가게)가 머리에 비가 닿지 않도록 하는 역할을 한다.

당장 가게 처마 아래로 뛰어가 비가 그칠 때까지 기다리면 된다.

혹시 신문이나 책을 손에 들고 있었다면, 길거리에 빈 라면 박스가 보였다면 괄호 안은 이렇게 채워질 것이다.

(신문·책·라면박스)가 머리에 비가 닿지 않도록 하는 역할을 한다.

알고 보면 가방뿐만 아니라 머리를 비로부터 보호해주는 것은 주위에 널려 있었던 것이다.

어떤 문제든 해결책은 많다. 하지만 대부분 지금까지 해오던 방식으로 문제를 바라보고 해결한다. 따라서 결과는 항상 비슷할 수밖에 없고 생각의 변화는 좀처럼 일어나지 않는다. 지나가는 사람과 가게, 신문, 책, 라면박스 등에 대한 '기능적 고정관념' 때문이다. 그런데 이것을 깼다. 원하는 것을 먼저 정하고 문장을 만든 덕분이다. 이를테면 '용도 변경'이다. 용도 변경은 '관점의 변화'라고도 한다. 괄호 안에 무엇을 넣든 그것에 대한 관점이 바뀐 결과가 만들어지기 때문이다.

이러한 방법의 가장 큰 장점은 'A가 원하는 것을 해결해줄 수 있다'고 생각하는 순간 A의 원래 용도나 관점이 저절로 바뀐다는 점이다. 어떻게 해서든 자신이 원하는 것을 A가 수행할 수 있도록 두뇌가 작동해 결국 해결책을 만들어내고야 만다. 자신도 몰랐던 잠재되어 있는 나만의 창의성이 솟아나오는 것이다.

사실 우리는 이런 생각의 과정 없이도 순식간에 문제를 해결하며 살고 있다. 자기도 모르는 사이에 '용도 변경'과 '관점의 변화'를 실천하고 있다. 하지만 문제가 바뀌거나 어려운 문제를 만나면 생각이 꽉 막힌다. 체계적이지 못하기 때문이다.

정말 그런지 다른 예를 하나 들어보겠다.

"모자로 원래 용도 이외에 무엇을 할 수 있을까?"

모자의 용도 변경이 금방 떠오르는가? 아마 쉽지 않을 것이다. 그런데 모기 한 마리가 윙윙거리며 주위를 날고 있다면? 파리채가 없다면?

모자는 잠시 잊고 원하는 걸 먼저 정하는 방법을 적용해보자.

(   )가 모기 잡는 역할을 한다.

이 문장을 머릿속으로 생각하고 괄호 속에 '모자'를 집어넣는다.

(모자)가 모기 잡는 역할을 한다.

맞다! 모자로 모기를 잡으면 된다. 결과적으로 모자의 용도를 바꾼 셈이고 모자에 대한 관점도 바뀌었다. 만약 뜨거운 라면 냄비를 불에서 내려야겠는데 장갑이 없다? (모자)가 뜨거운 냄비를 들어 내리는 역할을 한다고 머릿속으로 생각한 다음 그 가능성 여부를 따져본다. 가능하다고 판단되면 모자를 손에 쥐고 냄비 손잡이를 잡으면 된다.

단순한 예시들이지만, 원하는 것을 먼저 정하고 문장을 만드는 체계적인 방법을 통하면 모자의 용도를 바꾸는 게 그리 어렵지 않다는 것을 알 수 있다.

반면, 처음처럼 모자로 다른 무엇을 할 수 있을까? 생각한다면 쉽사리 답을 얻기가 힘들다. 과연 모자로 모기를 잡거나 뜨거운 냄비를 든다는 생각을 할 수 있을까?

확실한 것은 원하는 것을 먼저 정한 다음, A가 그것을 수행할 수 있을지 없을지 생각하는 방법이, 무턱대고 'A의 용도를 바꾸려는 것'보다 훨씬 쉽다는 점이다.

이것을 아이에게 가르쳐주면 훗날 아이에게 엄청난 자산이 된다.

엄마가 아이에게 신발로 다른 무엇을 할 수 있냐고 물어본다.

아이는 대답해보려고 하겠지만 이내 싫증을 낸다. 생각해야 할 필요성을 크게 느끼지 못하고 또 재미도 없기 때문이다.

공부하라고 해봐야 왜 공부하는 것이 좋은지 모르는 아이에게는 아무런 울림이 없다. 그렇다고 공부를 잘하면 어찌어찌 된다면서 공부해야 하는 이유를 장황하게 설명하는 것도 별 효과가 없다. 가장 좋은 건 아이 스스로 공부해야겠다고 느끼는 것이다. 이것이 좋다는 건 누구나 알고 있다. 우리 어릴 때를 생각해보라. 스스로 공부해야겠다고 느낀 적이 있는가? 그때만 잠깐일 뿐 공부하기 싫었고 또 하지 않았다. 왜 그랬을까?

공부가 재미없었기 때문이다.

하지만 공부의 어려움 속에도 순간순간 재미가 존재한다.

몰랐던 걸 알아가는 재미다! 궁금했던 걸 알게 되는 재미다!

아이도 같다. 재밌으면 잘한다.

바로 이런 재미를 이끌어내는 것이 엄마가 할 일이다. 그것이 공부든 용도 변경이든 관점을 바꾸는 것이든, 다른 그 무엇이든!

엄마는 신발로 무엇을 할 수 있느냐고 묻는 것보다 지금 모기 한 마리가 돌아다니는데 무엇으로 잡느냐고 묻는 게 좋다.

아이 : 파리채 없어?

엄마 : 어딘가에 뒀을 텐데, 엄만 못 찾겠다.

그러면 아이는 엄마를 돕기 위해, 엄마의 문제를 해결해주기 위해 기꺼이 '생각'을
시작한다. 그 순간 아이는 행복하다. 곤경에 빠진 엄마를 도와주고 있다는 뿌듯함
때문이다. 굳이 용도를 바꿔 생각해보라는 말을 할 것도 없다. 만약 아이가 책으로
모기를 잡는다면 책의 용도를 바꾸고 있는 것이고, 손바닥으로 잡는다면 손바닥의
용도를 바꾸고 있는 것이기 때문이다.
만약 아이가 모기를 잡지 못하면 이런 대화가 오간다.

아이 : 모기가 너무 빨라!

엄마 : 책이나 손바닥 말고 다른 방법은 없을까?

아이 : 모기장 치고 그 안에 들어가요.

문제에 대한 해결책은 한 가지만 있는 게 아니고 정답이란 없다는 것을 아이 스스로
체험하고 있다. 모기를 잡는 게 아니라 모기에 물리지 않는 걸 원한다면 해결책은 또
바뀔 수 있다! 아이가 오히려 엄마한테 알려주고 있다.
"비 오는데 집에 우산이 한 개도 없네. 어떡하지?"
"엄마가 지금 직선을 그어야 하는데 자가 없다. 어떡하지?"
"우리 예쁜 영희 앞니에 고춧가루 꼈네. 그런데 이쑤시개가 없어. 무엇으로 빼지?"
아이에게 자꾸 묻고 자꾸 도움을 청하라.

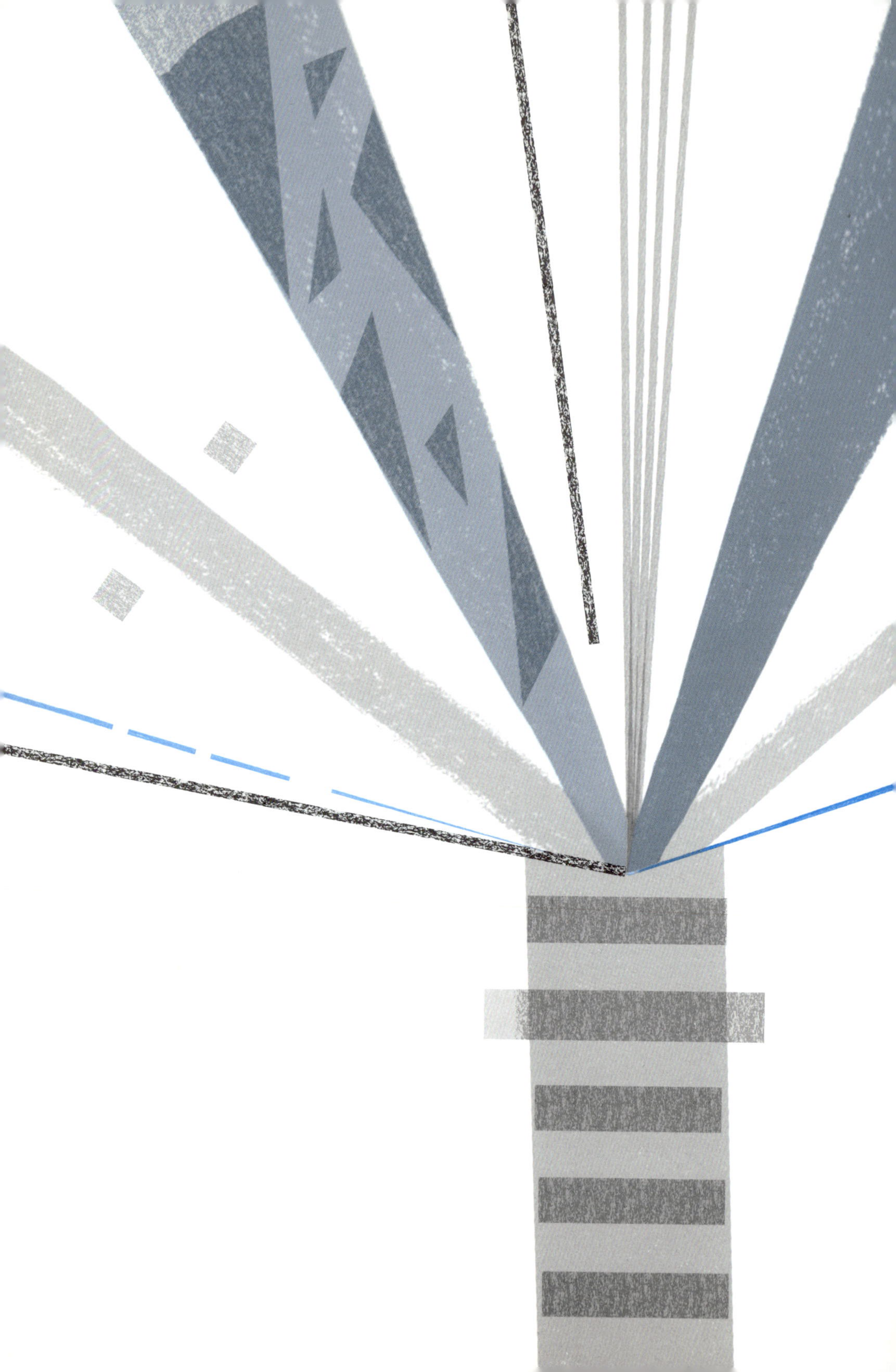

05

더하고 곱하고 나누고 빼면?

생각의 방법

등의 때를 밀 때, 손을 사용하면 손이 닿는 부분까지만 때를 없앨 수 있다. 그래서 긴 때수건을 사용해 손이 닿지 않는 곳까지 때를 민다.

생각할 때는 어떠한가? 우리는 항상 해오던 대로 생각한다. 간혹 생각 없이 말하거나 행동할 때도 있지만, 결국 생각해오던 대로 말하고 행동한다.

등의 때는 수건을 이용해 밀면서, 생각은 해오던 대로 그냥 내버려두는 것이다. 생각을 새롭게 넓히는 데도 때수건처럼 간단하지만 강력한 도구가 있다는 것을 모르기 때문이다.

생각의 도구는 무엇이 있을까?

어릴 때 배운 '더하기/곱하기/나누기/빼기'다.

누구나 쉽게 할 수 있는 생각의 방법이다.

더하기

립스틱을 바를 때는 거울을 본다. 립스틱에는 거울이 따로 달려 있지 않다. 왜 없을까? 여성이라면 누구나 가방 속에 거울이 있기 때문일까? 어쨌든 거울이 없으면 립스틱 바르기가 쉽지 않다. 어떻게 하면 좋을까?

립스틱 케이스에 거울을 붙이면 된다.(립스틱+거울)

이렇게 두 가지 이상의 사물을 물리적으로 붙이거나 다른 것의 기능을 빌려와 합치는 것이 더하기다. 바닥에 바퀴가 달린 아이들 신발도 같은 원리다. 신발에 바퀴를 더했다. 연필에 지우개가 달린 것도, 보온병 뚜껑이 컵의 역할을 하는 것도 기능을 합친 더하기다.

이런 것들을 아이에게 많이 보여준다. 놀이터에 자주 가방을 놓고 오는 아이라면 어느 날 이렇게 말할지도 모른다.

"엄마, 옷에 가방 꿰매줘."

어릴 때 '옷+가방'을 제안한 아이는 나중에 '왜 가방은 옷과 떨어져 있어야만 할까.'처럼 독특하고 남다른 생각을 하게 된다. 이런 생각이 세상을 바꾼다.

곱하기

보통 의자는 다리가 네 개이다.
그런데 〈그림〉의 의자는 두 개가
더 많은 여섯 개이다.
왜 이렇게 만들었을까?
이 특별한 의자는 뒤로 기댈 수

있을 뿐만 아니라 넘어지는 사고도 막아준다. 약간 불안해 보이긴 하지만 기발한 발상이다. 만약 의자 다리는 네 개라는 생각이 고정되어 있다면, 이런 의자는 상상도 못한다. 곱하기는 정해진 수나 양, 횟수 등의 틀을 깨는 것이다.

수학이나 공학적으로 보면 의자 다리의 개수는 세 개가 가장 안정적이다. 평면을 만들 수 있는 점의 최소 개수는 네 개가 아니라 세 개이기 때문이다. 카메라 삼각대나 이젤의 다리가 세 개인 것도 같은 이유다. 마찬가지로 자전거도 세발자전거가 가장 안정적이다. 그래서 아이 때는 세발자전거를 탄다. 그런데 〈그림〉의 자전거는 자동차도 아닌 것이 바퀴가 네 개다.

어느 쪽으로든 넘어지지 않도록 양쪽에 한 개씩 작은 바퀴를 추가했다. 어느 쪽으로 기울더라도 바퀴 세 개가 땅에 닿으며 안정을 유지할 수 있기 때문이다. 이처럼 정해진 개수를 고집하지 않고 바꾸면, 그에 따라 새로운 기능적 이점이 만들어진다. 곱하기는 이런 생각을 할 수 있도록 도와준다.

두발자전거에 보조바퀴를 달면 네발자전거가 된다.

나누기

나누기는 묶여 있는 걸 떨어뜨리는 방법이다. 지금까지 혼자 힘으로 집안 청소를 해왔다면 오늘부터라도 쓰레기는 아빠가 버리게 하고, 장난감 정리는 아이에게 시킨다. 또는 집 전체를 공간적으로 나눠, 화장실과 거실은 아빠가 청소하고 아이 방은 아이 스스로 치우도록 한다. 행복한 나누기다. 집안 청소조차 어떤 식으로 나누든 나누어 하면 각자 전문 분야가 저절로 정해지면서 청소가 즐겁고 속도도 빨라진다. 왜 이걸 진작 몰랐을까 하는 생각이 든다.

직장인이라면 중요도에 따라 업무를 나눠 우선순위를 정한다. 내용별로 다시 나누고 묶어 처리해보자. 지금까지 하지 않아도 될 야근을 해왔다는 걸 깨닫게 될 것이다.

이 밖에도 큰 것을 작게 만들고, 붙은 것을 떨어뜨리는 것도 나누기다.

빼기

빼기는 단순히 없애는 것도 있지만, 중요한 것을 없애는 방법도 있다. 빼기는 이전에 경험해본 적 없는 홀가분한 마음을 준다. 예를 들어보자. 한 달에 한 번 '버리는 날'을 정하고 실천해보라. 속이 다 후련해질 것이다.

빼기를 하다 보면, 반드시 있어야 한다거나 꼭 필요하다는 인식도 바뀌게 된다. 지갑을 열어 속을 꼭 채우고 있는 신용카드들을 살펴보라. 같은 용도의 것들이 이유 없이 여러 개 들어 있다. 몇 개라도 정리하자. 마음이 한층 가벼워진다.

수학에서의 사칙연산과 마찬가지로,

더하고 곱하면 늘어나고, 나누고 빼면 줄어든다.

커지고 작아지고 쪼개지고 합친다는 것은 결국 한 가지 개념이다.

이른바 '변화'다.

이것이 더하고 곱하고 나누고 빼는 이유다.

가장 쉬운 더하기부터 시작한다.

더하기

보기 좋은 떡이 먹기도 좋다. 무엇이든 보기 좋으면 좋다. 빛 좋은 개살구도 있다. 겉은 그럴듯한데 실속이 없는 걸 말한다. 그런데 이 둘을 합치면 어떻게 될까? 보기도 좋고 맛도 좋은 '빛 좋은 살구'가 된다. 이것이 '새롭고 다른' 아이디어를 만드는 방법 중 하나인 더하기다.

원리는 간단하다. 〈그림〉처럼 '어떤 것(배드민턴)에 다른 것(전기)의 기능을 빌려와 합치는 것'이다. 더하기의 기본만 알면 할 수 있는 매우 쉬운 방법이다.

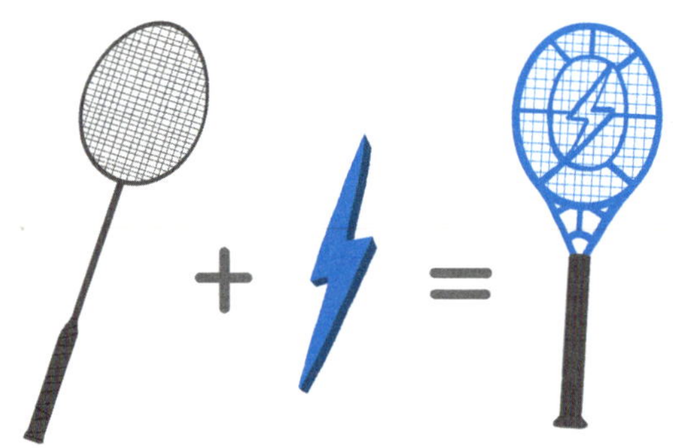

사례 1 뚜껑+고리

페트병 뚜껑에 고리(기능)를 더했다. 보기도 좋고 들기도 편하다. 소재는 부드러운 고무 재질이고 단순한 원형이 아니라 예쁜 새 모양이다. 새의 부리 부분은 누르면 떨어지도록 되어 있어 가방끈에 매달 수도 있다.

 자전거+세탁기

자전거에 세탁 기능을 더했다. 운동도 하고 빨래도 하는 자전거다. 중국 다롄 대학교 학생들이 디자인했는데 아직 제품화되지 않은 콘셉트 제품 이다.

어차피 운동할 때 신나게 돌리는 게 자전거 바퀴인데, 그 안에 세탁물을 넣어 돌리면 빨래도 되니 일석이조다. 그런데 세탁은 되는데 건조는 어 떻게 할까? 건조하기 위해서는 바퀴의 회전속도가 매우 빨라야 한다. 연 약한 여성은 감당하기 어렵다. 좋은 방법 없을까?

일을 나누면 된다. 세탁은 아내가, 건조는 남편이!

주전자에 잔을 더하면 어떻게 될까? 차를 따를 때 뚜껑이 곧 잔이므로 뚜껑을 잡고 따를 것 없이 그냥 따르면 된다. 찻잔의 아랫부분은 잔받침으로 쓸 수 있다. 물론 차를 마실 때 접시째 들어 마셔야겠지만.

오른쪽 주전자는 물이나 막걸리 마실 때 그 자리서 바로 뚜껑에 따라 마시면 된다. 문제는 잔이 한 개뿐이므로 건배를 할 수 없다는 건데 동일한 모양의 잔을 몇 개 제작한다면 건배도 가능하다. 두 제품 모두 더하기 상상에 의한 결과물로 현재 이런 제품은 없다. 주전자와 잔을 합친 이미지를 상상한 것뿐이다.

버터를 토스트에 바르기 위해서는 버터의 겉 포장지를 일부 벗겨내고 뜨거워진 프라이팬에 녹인 후 그 위에 토스트를 얹는다. 이런 경우 녹은 버터가 포장지 밖으로 흘러내리고 손에 묻어 불편하다. 그래서 왼쪽 그림처럼 칼이나 주걱 모양의 막대기를 아예 용기 포장에 붙여 팔기도 한다. 그런데 오른쪽 그림을 보라. 손에 묻을 염려도 없고 버터 칼도 필요 없다. 그냥 버터 용기를 손에 들고 토스트에 바르기만 하면 된다.

이것을 보면 바로 립스틱이 떠오른다! 이 버터 스틱은 다른 제품의 작동 원리를 '빌려와' 만든 제품이다.

같은 방법인데도 다른 제품에 적용하면 또 다른 '새로운 것'이 되는 경우가 많다. 원리는 역시 더하기다.

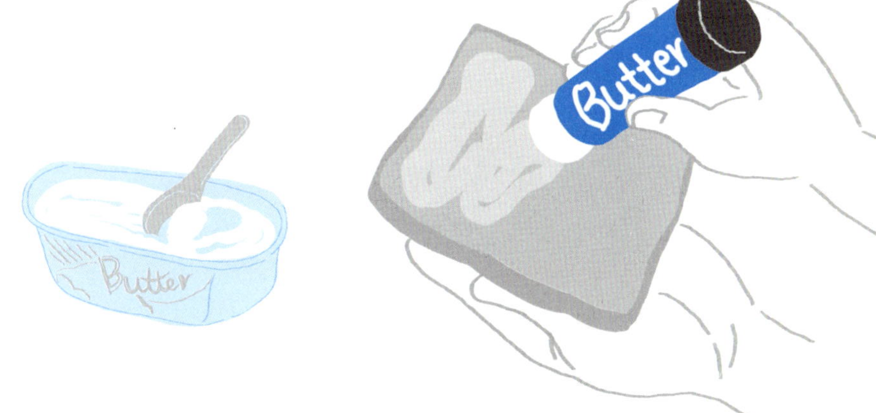

사례 5 라면+아이스크림

일본의 한 분식점에서 있었던 일이다. 아이들이 라면을 주문했다. 주인은 평소대로 라면을 끓인 다음 그 위에 삶은 계란을 올려 가져다 줬다. 그러자 아이들은 먹고 있던 아이스크림을 계란 위에 올려놓고 먹었다. 주인은 호기심을 참지 못해 자신도 아이들처럼 먹어봤다. 놀랍게도 맛이 훌륭했다. 주인은 이것을 메뉴에 추가했는데 소위 대박이 났다고 한다. 궁금하면 한 번 시도해보자.

"창조성은 여러 가지 것들을 연결하는 것이다."

스티브 잡스가 한 말이다. 길거리 벽 갈라진 틈에서 자란 잡초를 낙서와 연결시키자 〈그림〉처럼 멋진 벽화가 됐다. 겨울에는 이 유쾌한 치어걸이 무엇을 흔들고 있을지 궁금하다. 상상력을 자극하는 그림이다.

허리띠의 기능과 모양을 안경과 연결시켰다. 바람이 심하게 불 때, 물속처럼 안경이 벗겨지기 쉬운 곳에서 착용하면 유용할 것으로 보인다. 기존 안경테에 대한 고정관념 때문인지 안경처럼 보이지 않아서 더 독특하다. 그래도 옆의 젓가락 안경보다는 평범한 편이다. 이 안경테는 가운데가 비어 있어 그곳에 젓가락을 꽂을 수 있다. 이것만 있으면 야외에서 도시락 먹을 때 나무젓가락이 없어도 된다. 대신 바로바로 설거지를 해줘야 한다. 서양 여성들은 머리핀처럼 젓가락을 머리에 꽂고 다니기도 한다. 이것은 패션용으로, 실제로 먹을 때 젓가락으로 사용하지는 않는다. 확인해본 건 아니다. 안경테에 꽂은 젓가락은 그것에 비하면 위생적이다. 평생 함께하는 나만의 젓가락! 기발한 안경이다.

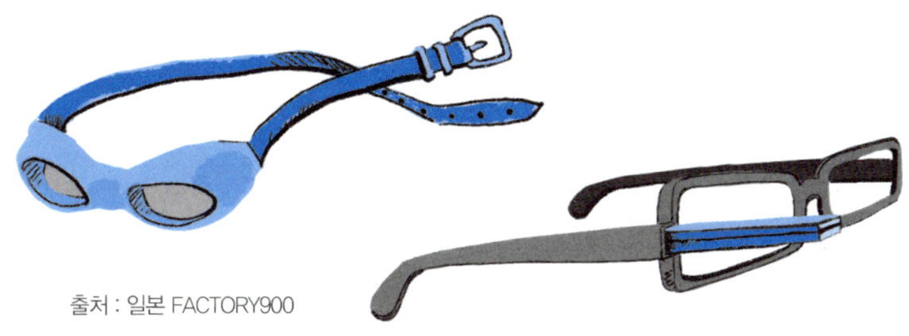

출처 : 일본 FACTORY900

사례 8 의자+바퀴, 가방+바퀴

의자에, 여행용 가방에 바퀴를 더했다. 여기에 그치지 않고 '의자+가방+바퀴'에 '자전거 기능'을 더한다면 어떻게 될까? 공항에서 쌩쌩 바퀴로 달릴 수 있는 의자면서 신개념의 '달리는 여행용 가방'이 탄생한다. 가방인지 의자인지 자전거인지는 몰라도 공항에 늦게 도착했을 때나, 짐이 크고 무겁다면 꽤 유용한 제품이다.

 일반 세탁기+드럼 세탁기

세탁기는 크게 일반 세탁기와 드럼 세탁기로 나눈다. 일반 세탁기는 세탁기 아래에 있는 판(날개)과 통이 도는데 그에 따라 발생하는 물살의 강한 마찰력으로 세탁을 한다. 드럼 세탁기는 드럼을 회전시켜 세탁물이 떨어지는 힘을 이용한다. 시냇가에서 빨래를 방망이로 두들기는 걸 연상하면 이해하기 쉽다. 드럼 타입 세탁기는 센물hard water이 많은 유럽 지역에 적합한 제품이다. 센물은 칼슘이나 마그네슘 이온의 함량이 높아 비누가 잘 풀리지 않기 때문이다. 한국과 일본은 유럽보다 물의 질이 훨씬 좋다. 물론 선택은 소비자 마음이다.

그런데 이 둘을 합친 제품이 등장했다. 위에는 드럼 세탁기고 아래는 일반 세탁기다. 드럼 부분이 위에 있어서 세탁물을 꺼낼 때 편리하다. 일반 세탁기가 좋을까, 드럼 세탁기가 좋을까 망설이는 고객들의 고민을 한방에 해결했다. 더하기의 힘이다.

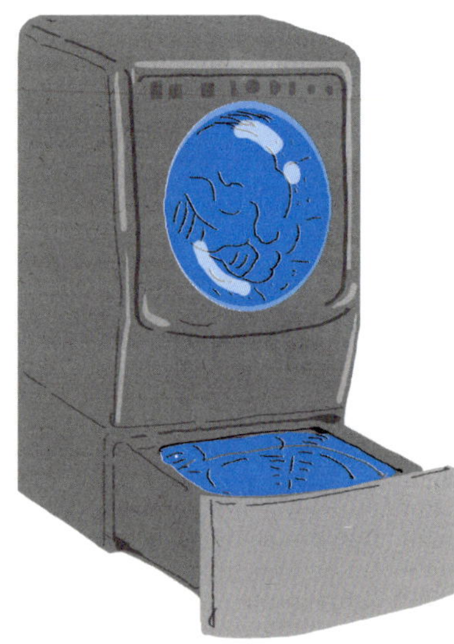

위쪽은 드럼세탁기, 아래쪽은 일반세탁기

이 외에도 〈그림〉처럼 병따개 기능을 더한
포크, 오뚝이 기능을 추가한 지팡이, 아이
와 함께 손잡고 가는 쇼핑백, 넥타이에 매
단 USB 저장 장치 등 '더하기' 방법을 사용
한 창의적 제품들은 많다.

필요할 때 찾으면 없는 게 병따개다. 이런
포크가 있다면 편리하다. 지팡이는 오뚝이처럼 아랫부분에 무게중심을
두었다. 지갑에서 돈을 꺼내느라 지팡이를 잡고 있지 않아도 용케 쓰러지
지 않고 혼자 서 있다. 아이가 그려진 쇼핑백은 소비자에게 따뜻한 사랑
을 선물하는 감성 제품이다. 넥타이 USB는 넥타이를 풀지 않는 이상 절
대로 잃어버릴 염려가 없다.

우리도 한번 만들어보자, 베개에 소리를 더하면 어떻게 될까?
잘 때는 감미로운 음악이 들리고, 아침에 일어날 때는 알람이 울린다.
마음껏 상상하고 마음껏 더하자.

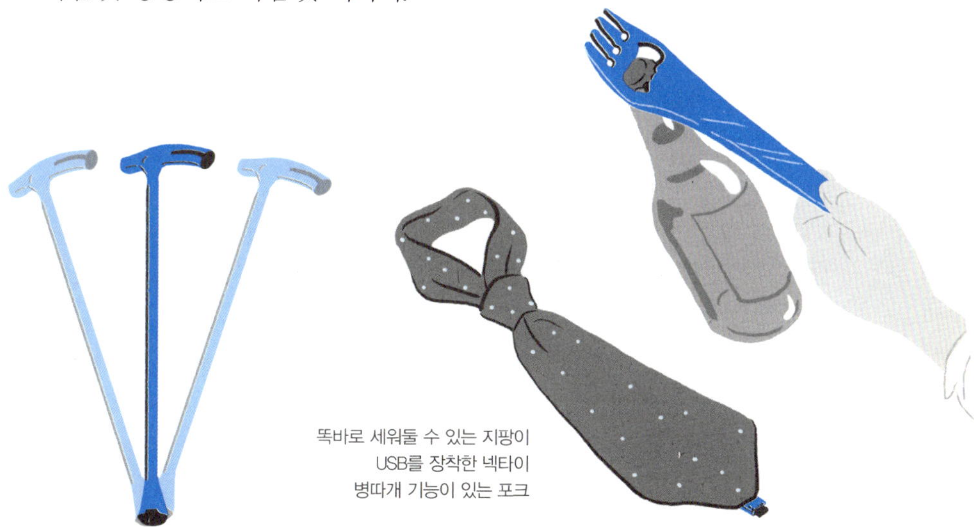

똑바로 세워둘 수 있는 지팡이
USB를 장착한 넥타이
병따개 기능이 있는 포크

아이와 라면을 끓여보자.

라면을 끓이다 보면 국물 맞추기가 어렵다. 아이가 투정한다.

"엄마, 라면 짜."

"왜 이렇게 싱거워?"

짠 경우에는 물을 추가하면 어느 정도 해결되지만 싱거울 때는 달리 뾰족한 방법이 없다. 가끔 새 라면을 뜯어 그 수프를 사용하는데, 다음에 그 라면을 끓일 때 문제가 된다. 계란을 넣으면 물의 적정량이 또 달라진다. 라면 전용 냄비가 없다면 국물의 양은 매번 고민하게 되는 문제다. 어쩔 수 없이 국 끓이는 큰 냄비로 라면을 끓이게 됐을 때, 물의 양을 맞추기란 여간 어려운 일이 아니다.

짜지도 싱겁지도 않은 라면!

아빠가 끓여도 아이의 입맛에 딱 맞게 물의 양을 조절할 수 있는 방법은?

<그림>처럼 냄비에 선을 그어보자. 엄마는 이미 수많은 시행착오 끝에 적정선을 얻었다. 엄마의 경험을 바탕으로 선을 더하면 된다. 1인분 선, 2인분 선이다. 냄비가 크다면 3인분 선까지도 가능하다. 앞으로 더는 짜거나 싱거운 라면을 먹지 않아도 된다. 단, 물만 넣었을 때의 선이다.

더하기는 맛있는 라면을 위해 여러모로 쓸모가 있다.

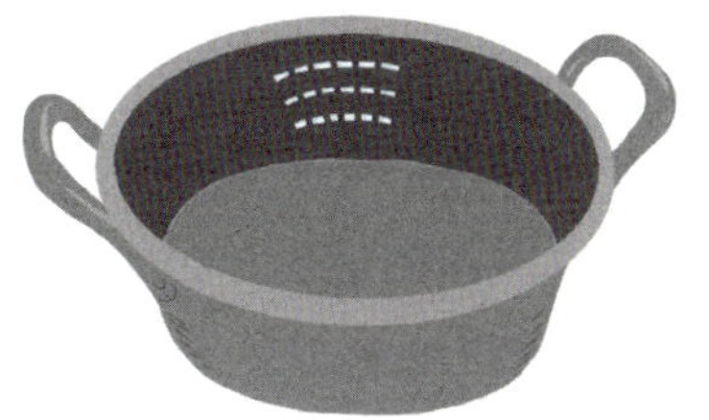

냄비 안쪽에 선을 더했다.

1. 라면이 짜다고 하면 물을 더하자. 생활 속에서 아이에게 더하기의 위력을 보여준다. 게다가 아이들은 뜨거운 것을 싫어한다. 뜨거워서 입으로 후후 불며 먹는데 라면에 찬물을 조금 더하면 먹기도 쉽고 짜지도 않다. 꿩 먹고 알 먹기다.

이때 꿩 먹고 알 먹기에 대한 의미도 함께 알려주자. 아이는 더하기에 대한 개념뿐 아니라 새로운 속담도 배운다.

'도랑 치고 가재 잡고', '마당 쓸고 동전 줍고', '일거양득', '일석이조' 무엇이든 써먹을 수 있다. 아이가 알면 좋겠다는 판단이 들면 적절한 순간을 포착해 하나둘 더하기를 한다.

2. 아이가 싱겁다고 하면, 엄마가 갖고 있던 비장의 무기를 사용할 때다. 즉 아이에게 되묻는 것이다!

"많이 싱거워? 어떡하면 좋을까?"

"김치가 짜니까 한번 넣어볼까?"

평소 잘 먹지 않던 김치를 아이 스스로 원한다. 아이는 자기도 모르게 더하기를 하고 있다.

"아하, 김치를 더하는 방법이 있었구나! 역시 우리 아들 최고!"

"김치? 알았어. 이렇게 라면에 김치를 넣으면, 더하기네!"

"와, 더하니까 양이 엄청 많아졌네! 우리 아들, 많이 먹어."

"아직 싱겁다고? 김치 더 넣어줄까?"

3. 아이가 라면을 다 먹을 때까지 기다렸다가 다른 냄비를 들고 온다. 그리고 라면이 가장 맛있었을 때의 물의 양을 '냄비에 표시'하는 방법은 어떨지 물어본다. 때로는 묻는 것이 직접 알려주는 것보다 훨씬 더 많은 걸 가르칠 수 있다.

냄비에 직접 표시하는 방법 말고도 컵에 물을 가득 따른 후 한 컵 기준으로 그것을 몇 번에 걸쳐 붓는 방법도 있다. 계량컵을 사용하는 것과 마찬가지다.

평상시 엄마는 냄비에 표시도 하지 않고 계량컵도 사용하지 않지만 라면을 맛있게 끓인다. 그냥 눈대중과 감으로 한다.

경험 덕분이다! 그런데 아이는 경험이 없거나 적다. 따라서 수학에서뿐 아니라 생활 속에서도 아이에게 '더하는 경험'을 시켜주는 것!

이것이 산교육이다.

아이가 그린 그림으로 확 달라진 거실 벽

우리 집 벽지가 바뀐다

아이는 그림 그리는 것을 좋아한다. 자동차든 꽃이든 그림을 그리면서 자기만의 이야기를 꾸미고 만든다. 다 그리고 나면 어떤 건 찢어버리고 어떤 건 구겨버린다. 고사리 같은 손으로 손가락보다 굵은 크레파스를 잡고 그리다 보니 아이 눈에 결과물이 썩 마음에 들지 않았나보다.

하지만 오늘부터는 망친 그림도 쓰레기통에 버리지 말고 벽에 붙여보자. 풀이나 테이프로 그림들을 이어 붙여라. 더하기다! 그러면 나중에 거대한 벽화가 완성된다. 여백이 있다면 엄마와 아빠도 그림을 더한다. 아이가 자동차만 그렸다면, 창문에 아빠가 운전하는 모습을 그려 넣자. 꽃 그림이 있으면 꽃향기를 맡는 엄마의 모습을 그려 넣는다. 동생이 있다면 동생도 그려 넣고 누나가 있다면 누나도 그려 넣어라. 그렇게 한 달이 지나면 세상에서 가장 아름다운 벽지가 만들어진다.

곱하기

안경알이 네 개인 안경
선글라스 겸용

엄마와 아이는 종종 이런 대화를 나눈다.

> "안경에는 안경알이 몇 개야?"

"두 개."

"왜?"

엄마는 물을 걸 물으라는 듯 약간 표정이 굳어진다.

"눈이 두 개니까."

> "장갑은 몇 개가 한 쌍이야?"

"두 개."

"왜?"

엄마가 얼굴을 찡그린다. 그리고 대답 대신 따진다.

"두 개가 한 쌍이지 세 개니?'

▶ "자전거 바퀴는 몇 개야?"

이번엔 고민이 된다. 아이가 아직 '왜'라고 묻지도 않았는데……. 자전거 바퀴는 대부분 두 개지만 세발자전거도 있고 외발자전거도 있다고 대답하는 엄마. 엄마는 아이가 '왜'라고 물으면 뭐라고 답해야 할지 미리 생각하는 중이다.

그런데 아이는 '왜'라고 묻지 않고 얄밉게도 다른 것을 묻는다.

▶ "어째서 바퀴가 네 개인 자전거는 없어?"

다행이다. 엄마에게도 반격의 기회가 왔다.

"너, 그런 자전거가 있는지 없는지 봤어?"

안경알이 앞의 〈그림〉처럼 네 개인 안경(겉의 안경알을 아래로 내려 덮으면 선글라스가 된다.)도 있다. 마이클 잭슨은 언제나 한 손에만 장갑을 꼈다. 나머지 한쪽은 있는지 없는지 모르겠다.

'왜'라고 끝없이 묻는 아이에게 매번 평정심을 유지하며 대답해줄 수 있는 엄마는 거의 없다. 누가 봐도 당연한 것을 계속 물으면 인내심의 한계까지 느낀다. 그런데 어째서 아이는 계속 '왜'라고 묻는 것일까? 아이에게는 '당연한' 게 없기 때문이다. 아이가 진지하게 손이 왜 두 개냐고 묻는데, 넌센스 퀴즈처럼 장갑이 두 개여서라고 답할 순 없는 노릇이기에 나중에는 울화가 폭발한다. 부모라면 누구나 겪는 일이다.

아이의 끝없는 질문은 호기심 때문이다. 호기심이 많아야 많은 것을 알게 된다. 그런데 많이 알면 알수록 궁금증은 점점 더 커진다. 그래서 아이는 끝없이 묻고 또 묻는 것이다.

"뚜껑은 몇 개야?"

이번에는 몇 개라고 답하겠는가? 뚜껑이 한 개인 물건들이 대부분이다. 하지만 필요에 따라 모양과 기능이 다른 두 개의 뚜껑을 가진 물건들도 있다. 〈그림〉처럼 뚜껑에 뚜껑이 있는 것도 있고 속 뚜껑과 겉 뚜껑이 있는 것도 있다.

비닐 지퍼백도 이중 지퍼백이 있고 〈그림〉처럼 손잡이가 한 개거나 두 개인 냄비도 있다. 옷도 원피스와 투피스가 있다.

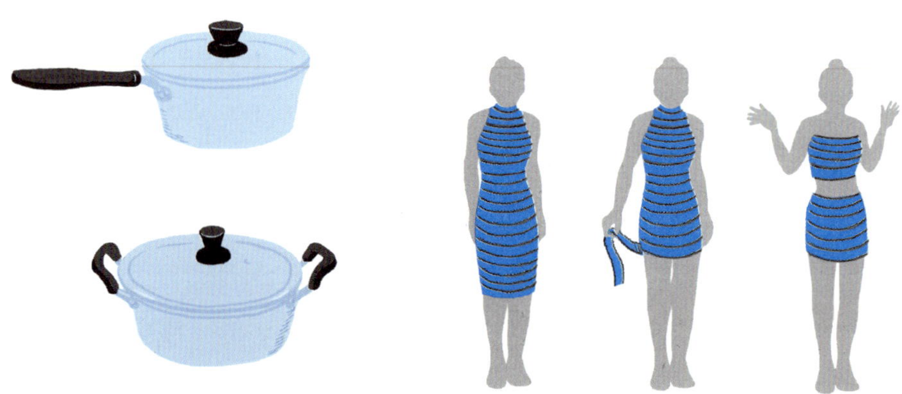

이처럼 최적의 개수가 존재할지는 몰라도, 반드시 몇 개이어야 한다는 건 없다. 따라서 '안경알은 두 개다, 장갑은 두 개가 한 쌍이다, 자전거 바퀴는 두 개다'와 같이 어떤 수나 양에 대해 단정 짓는 건 수량적 고정 관념이다. 그렇기 때문에 엄마도 아이와 함께 계속 '왜'라고 물으며 그것들의 수나 양을 바꿔보는 것을 권한다.

그러면 이 세상에 없던 새로운 것이 떠오른다!

캔에는 왜 뚜껑이 없을까? 어째서 한 번 따면 다 마셔야 할까?

페트병은 반드시 뚜껑이 한 개여야 할까?

그리고 치약은?

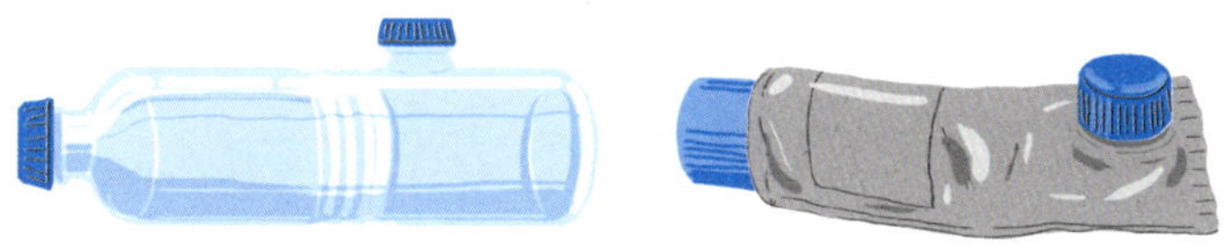

캔 음료수를 마시다 남겼을 때, 자동차처럼 흔들리는 곳에서는 음료수가 흘러넘친다. 하지만 〈그림〉처럼 윗부분을 이중으로 만들고 따개를 돌리면 그 부분이 따라 돌면서 뚜껑 역할을 한다. 기발한 발상이다. 페트병도, 치약도 뚜껑이 반드시 한 개여야 하는 법은 없다.

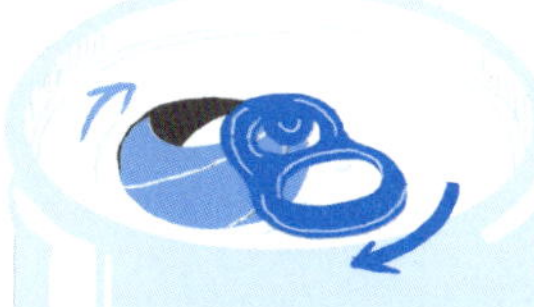

뚜껑뿐이 아니다. 〈그림〉처럼 손잡이는 한 개인데 가윗날이 여러 개인 가위도 있다. 보통 이런 건 게으른 사람들이 만들어내는데, 어떻게 하면 한 번에 여러 장을 자를 수 있을지 고민한 결과다. 이것은 가정에서 사무실의 파쇄기와 같은 역할을 한다. 불필요한 영수증 묶음을 한 번에 싹둑 자를 때 편하다.

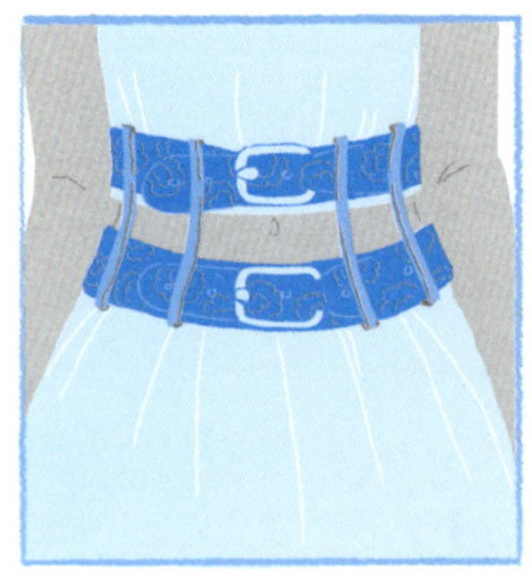

가윗날이 여러 개여서 한꺼번에
여러 장의 종이를 자를 수 있다.

선풍기 날개는 왜 세 개일까? 두 개, 네 개, 다섯 개짜리도 있다!

기타 줄은 왜 여섯 줄일까? 열두 줄짜리도 있다!

양치질은 하루에 세 번씩하면서 왜 세수는 두 번만 할까? 하루에 한 번만 하는 사람도 있다!

밥은 왜 꼭 하루에 세 번씩 먹을까? 아침을 안 먹는 사람도 많다!

허리띠는 왜 한 개일까? 허리띠를 두 개씩 찬 사람은 못 봤다!

〈그림〉처럼 허리띠를 겹쳐 맨다면 새로운 유행이 될 수도 있다.

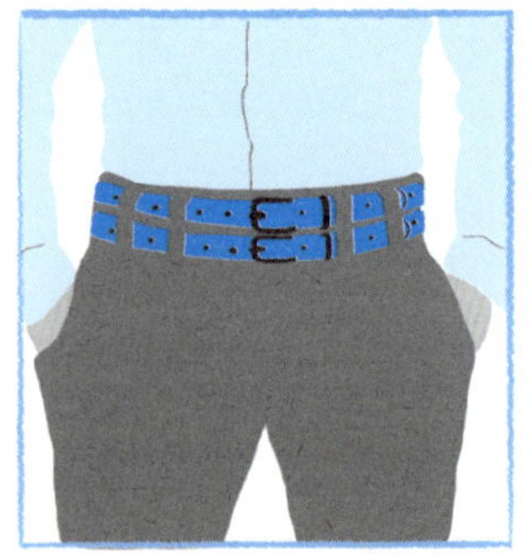

▷ "우리 팔은 왜 두 개일까?"

엄마가 아이에게 묻는다. 아이가 무어라고 대답하든 내용에 이어서 이야기를 꾸며 보자. 그러다가 적절한 순간 팔이 세 개면 어떨지도 물어본다.

"팔이 등 뒤에도 있으면 등이 가려울 때 편해요."

"두 손으로 게임하고 한 손으로 숙제하면 돼요." 등등 기상천외한 답이 나온다.

▷ "우리 눈은 왜 두 개뿐일까? 이렇게 예쁜 눈이 여기도 있고 저기도 있으면 참 좋을 텐데."

아이의 눈을 칭찬하며 이야기를 풀어간다. 눈이 두 개인 이유는 거리 감각을 위해서 라는 설명까지 덧붙이면 금상첨화다. 그러면서 자연스럽게 곤충의 눈, 퇴화된 박쥐 의 눈에 대한 이야기로 넘어가도 좋고 완전히 다른 주제로 넘어가도 괜찮다. 개수에 대한 이야기를 시작했다고 반드시 거기에 얽매일 필요는 없다.

▷ "엄마 아빠는 하루에 양치질을 세 번 하는데, 너는 왜 한 번만 해?"

그러니까 너도 세 번 해야 한다는 의도로 물으면 안 된다. 횟수나 개수에 대한 아이 의 생각을 들어보는 것이 질문의 목적이다. 그것을 잊지 말자.

▶ "볼펜심은 왜 한 개일까? 어, 여러 개 있는 것도 있네?"

그러면서 자연스레 정해진 어떤 틀(수, 양, 횟수)이 없다는 걸 아이에게 깨우쳐준다.

▶ "시곗바늘은 몇 개야?"

아이는 당연히 초침, 분침, 시침 세 개라고 답할 것이다.

"근데 이건 뭐지?"

따르릉 시계에 있는 또 다른 바늘을 보여준다. 아이가 이것이 무엇인지 모르면, 아침에 일어날 시간을 정하는 바늘이라고 알려주고, <그림>처럼 초침이 없는 시계도 있다는 것을 보여준다. 이것만으로도 시곗바늘의 개수는 세 개라는 고정관념이 형성되는 걸 막을 수 있다.

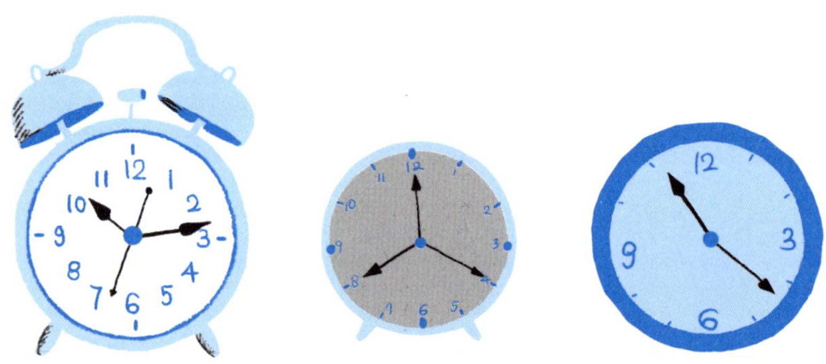

따르릉 시계와 보통 시계, 초침이 없는 시계

욕심을 조금 더 부려 '곱하기'를 본격적으로 시작할 수도 있다.

"여기에 바늘 1개를 더 추가하면 어떨까?"

제안해보는 것이다. 아이가 6~7세쯤이라면 함께 생각해보기 적절한 수준이다.

이미 만들어진 창의적 결과물을 놓고 왜 그렇게 만들었는지 이유를 찾는 건 쉽다.

하지만 그것을 최초로 생각하는 건 정말 어렵다. 따라서 아이와 이런 물음을 나누는 과정은 당장 겉으로 그 효과가 드러나지 않지만, 어느 순간 아이의 창의력을 폭발시키는 씨앗이 된다. 다시 강조하지만, 당장의 결과에 연연하지 마라.

혹시 아이가 왜 바늘을 또 더해야 하냐고 물으면, 볼펜심도 여러 개 있으니까 시곗바늘도 여러 개 만들어보자고 하자. 바늘이 한 개 더 있으면 뭐가 좋을지 아이와 함께 생각해본다.

과연 새롭게 추가된 바늘은 어떤 역할을 할 수 있을까?

새로운 바늘은 잠꾸러기 아빠가 알람을 끄고 다시 잠드는 것을 막을 수 있다.

예를 들어 바늘 세 개를 추가했다고 치자. 바늘 한 개씩 5분 간격으로 알람이 울리도록 설정해놓으면, 바늘이 세 개니까 아빠는 15분 더 잘 수 있다.

이와 유사한 기능이 스마트폰에도 있다. 하지만 여전히 따르릉 시계는 필요하다. 어떤 사람은 자신을 믿지 못해 여러 개의 알람 시계를 머리맡에 두고 잠든다. 곱하기다! 이와 동일한 원리를 시계의 개수가 아닌 알람 바늘에 적용한다면, 시계는 한 개면 충분하다.

잠에서 깨어나지 않으면 도저히 알람을 끌 수 없도록 만든 창의적인 시계들이 있다. 시계에 바퀴를 달아 여기저기 돌아다니고(그림1) 시계와 연동되는 프로펠러가 공중을 날아다니며 혼을 뺀다. (그림2) 이것은 프로펠러를 잡아 시계에 끼워야만 비로소 알람이 꺼진다. 또 알람이 울리는 순간 퍼즐 조각이 사방으로 튀는 시계도 있는데 (그림3) 그것들을 주워 모아 퍼즐을 맞춰야 비로소 알람이 멈춘다. 아빠가 이 시끄럽고 귀찮은 상황에 화가 나 아예 시계 배터리를 빼버리려고 하면 어떻게 될까? 그럴까 봐 배터리는 나사를 돌려서 풀어야만 뺄 수 있도록 되어 있다. 드라이버를 찾고 나사를 돌리는 것보다 퍼즐을 푸는 것이 더 빠르다! 창의적인 알람 시계들 때문에 어쨌든 늦잠은 영영 안녕이다.

이 외에도 알람이 울리기 시작하면 점점 위로 올라가는 일명 '공중부양' 시계도 있다. (그림 4) 얼른 일어나 잡아! 잠을 깨우는 방법도 가지가지다.

이런 것들을 보여주며 아이와 재밌게 이야기하자.

그림 1 바퀴 달린 알람 시계   그림 2 프로펠러 달린 알람 시계

그림 3 퍼즐 조각이 날아가는 알람 시계   그림 4 공중부양 알람 시계

이미 개수가 정해졌다고 생각되는 것들이 눈에 띄면, 엄마는 언제나 이렇게 물어라.

"왜 그럴까? 한 개 더 있으면 어떨까?"

아이의 상상력은 하루가 다르게 커간다.

아이와 함께 옛이야기인 <형제간의 우애>, <세 자루의 화살>을 읽어보자. 화살 한 개는 쉽게 부러뜨릴 수 있지만 화살 세 개를 겹치면 부러뜨리기 어렵다는 것을 일깨워주는 이야기다. 힘을 합치면 강해진다는 교훈을 주는데 이것을 아이가 직접 경험할 수 있도록 다음과 같은 놀이를 해보자.

화살은 구하기 어려우므로 대신 집에서 쉽게 마련할 수 있는 종이를 준비한다.

먼저 <그림>처럼 A4 용지 다섯 장을 3분의 2씩 엇갈려 펼쳐놓고 둘둘 말아 가운데를 고무줄로 감는다. 종이가 둥그렇게 말려진 상태에서 한쪽 끝은 아이가, 다른 쪽 끝은 엄마가 잡고 동시에 서로 당긴다. 종이 묶음은 힘없이 금방 벌어진다. 다시 종이를 일곱 장으로 늘려보자. 묶음의 힘이 조금 강해진 걸 알 수 있다.

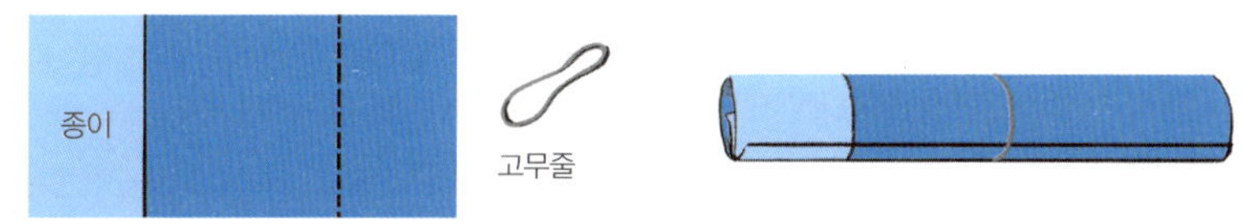

점차 종잇장 수를 늘려가다가 <그림>처럼 30장을 겹쳐 놓고 해보자. 이제는 아무리 힘껏 잡아당겨도 종이는 꿈쩍도 않는다. 힘센 아빠와 함께 해봐도 마찬가지다. 종이끼리 닿는 부분의 마찰력이 증가했기 때문이다. 종잇장 수가 많을수록 그 힘은 점점 더 커진다. 40장을 겹쳐 놓으면 팔씨름 선수 두 명이 잡아당겨도 미동조차 하지 않는다. 곱하기의 힘이다.

고무줄의 역할은 종이끼리 서로 잘 닿게 해 마찰력을 최대로 키워주는 것이다.

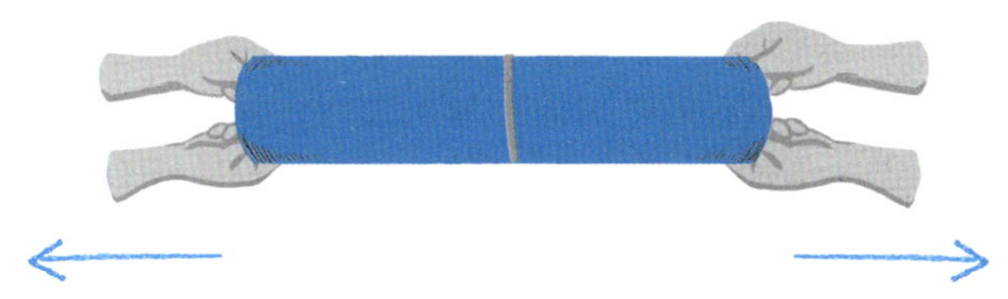

나누기

새끼는 동물의 아기를 뜻하는 말이다. 새끼라는 말만 들어도 귀엽다는 생각이 든다. 그런데 새끼라는 말이 '개' 하고 더해지면 순식간에 욕이 된다. 이처럼 더하면 나빠지는 것도 있다. 그럴 땐 빼야 하는데, 빼기 전에 할 일이 있다. 먼저 '나눠야' 한다. 개와 새끼로 나눠야 개를 뺄 수 있기 때문이다. 이것이 나누기다.

살구는 맛있다. 개살구는 떫고 맛없다. 그런데 살구와 개살구는 어느 단어가 먼저였을까? 아마도 살구가 먼저였을 것으로 추정된다. 개살구를 개와 살구로 나눠 개를 뺀 것이 아니라, 살구에 개를 더해서 개살구라는 이름이 만들어졌을 확률이 크다.

개살구를 살구로 만들기 위해서는 개와 살구로 나눠야 하듯이, 붙어 있는 것은 먼저 나눠야, 빼기를 하든지 그것의 위치를 바꾸든지 할 수 있다. 〈그림〉의 냄비가 좋은 예다. 손잡이와 냄비의 몸체가 붙어 있다. 왜 붙었을까?

자세히 보면 첫 번째와 두 번째 냄비는 한 가지 다른 점이 있다. 왼쪽의 냄비는 그냥 몸체와 같은 알루미늄 재질 손잡이인 데 반해, 다른 냄비는 손잡이에 검은색 절연체를 더했다. 손으로 잡을 때 뜨겁지 않게 하기 위해서다. 그래도 라면을 끓였을 때, 이 손잡이 역시 맨손으로 잡기는 어렵다. 알루미늄 손잡이보다 조금 나은 정도다. 그래서 엄마는 헝겊이나 장갑을 끼고 손잡이를 잡는다. 손잡이에 절연체를 더했지만, 헝겊이나 장갑을 또 다시 더하는 것이다. 더하기를 했지만 문제가 해결되지 않았다. 왜 그럴까?

붙였기 때문이다!

몸체에 손잡이를 '붙인 것'이 문제다.

그렇다면?

떼어내면(나누면) 된다!

해결책은 손잡이를 붙였다 뗐다 할 수 있도록 만드는 것이다. 몸체와 손잡이를 조립식으로 만드는 것이다. 라면을 끓인 다음 냄비를 식탁으로 옮길 때, 손잡이를 '붙여서' 옮기면 된다. 그런데 대부분의 냄비 손잡이는 처음부터 몸체에 붙어 있다. 부엌칼도 손잡이가 붙어 있고, 노트북도 모니터와 키보드가 붙어 있다. 이것을 무엇이든 합치는 통합 고정관념이라고 부른다. 이런 고정관념을 깨는 방법은 나누기가 최고다.

일반적인 옥외 설치물이나 벽면 광고와 달리, 광고의 범위를 넓히기 위해 자동차에 광고판을 부착했다. 자동차는 시내 곳곳을 다닌다. 자동차가 가는 곳마다 광고가 노출될 수 있다. 그런데 한 가지 문제가 있다. 정차해 있을 때는 괜찮은데 자동차가 움직일 때는 바퀴에 있는 광고판이 바퀴를 따라 함께 회전한다. 무슨 광고인지 도무지 알 수 없다. 광고의 생명은 정확한 정보를 널리 알리는 것인데 무엇을 알리는지 모르게 된다면 하나마나다. 이 문제를 어떻게 해결해야 할까?

나누기를 적용하면 쉽게 해결할 수 있다. 바퀴에 붙어 있는 광고판을 떼어내되, 바퀴와 완전히 떨어뜨리는 것이 아니라 헛돌게 조정한다. 그러면 바퀴는 회전해도 광고판은 그대로 멈춰 있다. 이제 자동차는 마음대로 달려도 된다.

 프라이팬(그릇) 나누기

냄비 손잡이나 자동차 바퀴처럼 붙어 있는 걸 떼어내는 방법 말고도 한 개를 둘 또는 그 이상으로 나누는 방법도 나누기다.

〈그림〉의 프라이팬은 전체를 2등분하거나 3등분으로 나누었다. 그러면 재료들이 섞이지 않게 요리할 수 있다. 세로로 3등분한 프라이팬의 경우,

센 불에 요리할 것은 가운데에, 약한 불이 필요한 건 가장자리에 놓고 한꺼번에 요리할 수 있다.

만약 몸체와 분리할 수 있는 칸막이를 사용해 칸을 더하거나 뺄 수 있게 한다면, 필요에 따라 공간을 원하는 대로 늘렸다 줄였다 할 수도 있다. 냉동고의 얼음 용기도 같은 원리다.

하트 모양 프라이팬과 여러 칸으로 나뉜 프라이팬

위 〈그림〉의 프라이팬은 원형이지만 요리 재료를 하트 모양으로 완성시킨다. 프라이팬은 원형 또는 사각형이라는 모양의 틀을 깼다. 계란프라이나 팬케이크를 만들기 적합한 제품인데, 부부 싸움한 날은 쓸 수 없을 것 같다.

그런 날은 고민하지 말고 아이에게 맛있는 팬케이크를 만들어주자. 네모난 프라이팬도 있다.

다른 프라이팬이 없다면, 아빠에게 나누기 공부도 시킬 겸 〈그림〉처럼 배달통 짬짜면 한 그릇을 시켜준다. 많이 미우면 같은 그릇에 라면과 짜파게티 끓여준다.

각기 다른 음식을 담을 수 있는 그릇들

파리채 끝 부분을 둘로 나눴다! 왜 나눴을까?

보통 파리를 잡으면 파리채를 파리와 바닥 사이로 엄청 빠른 속도로 집어넣는다. 파리와 파리채의 마찰력을 최소화해 죽은 파리를 처리하기 위해서다. 아니면 어쩔 수 없이 손으로 집거나 종이를 사용한다. 하지만 이 파리채는 그럴 필요가 없다.

이것은 고무소재인데, 바닥에 누르면 나눠진 부분이 양 갈래로 벌어지며 알파벳 V자 형태의 홈이 생긴다. 그러면 그곳으로 잡은 파리를 몰아넣고 쉽게 들어 올릴 수 있다. 재빨리 움직일 필요도 없고 파리를 손으로 만지지 않아도 된다. 건강과 위생을 배려한 파리채다. 손잡이 끝은 못에 걸기 편하도록 고리를 '더하기' 했다.

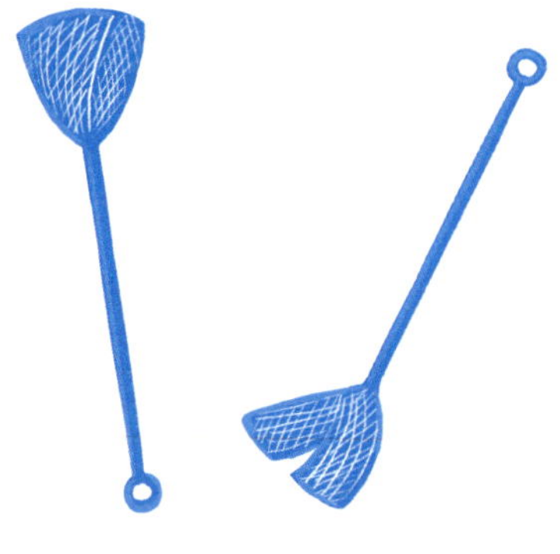

디자이너 : Zhao Ke

나눴으면 재배치하라!

첫 번째는 기상천외한 종이접기 대회 이야기다.

종이접기 대회가 열렸다. 모든 참석자들은 A4 용지 한 장씩을 받고 종이

상단에 자신의 이름을 적는다. 그리고 칠판에 공개한 주제에 따라 정해진 시간 안에 그것을 만든다. 주제가 '학'이면 종이학을 접으면 된다. 대회는 토너먼트로 진행되는데 매 주제마다 전문가의 심사를 통해 승자를 가린다.

철수와 영희가 수많은 경쟁자들을 차례로 꺾고 결승전에 올랐다. 다시 이들에게 A4 용지 한 장씩이 주어졌고 그들은 자기 이름을 종이에 적었다. 이윽고 마지막 주제가 공개되었다. 주제를 본 철수와 영희는 깜짝 놀랐다. 결승전을 지켜보는 구경꾼들도 탄식했다. 상상도 못한 기이한 조건 때문이었다.

주제 : 비행기 접어 날리기

시간 : 30초 이내

조건 : 늦게 날리는 비행기 주인이 이긴다. 만약 30초 이내에 비행기를 날리지 않으면 탈락이다.

시작종이 울리고 시간이 흐르기 시작한다. 종이비행기를 접는 건 쉽다. 그런데 상대방보다 빨리 접어 날리면 진다. 그렇다고 가만히 있으면 탈락이다. 철수와 영희는 멍하니 칠판만 바라보고 있다. 이제 5초가 남았다. 이대로 두 명 모두 탈락할 것인가? 그때 갑자기 영희가 움직인다. 뭔가 깨달은 듯 짧게 고개를 끄덕이더니 손이 빨라지기 시작한다. 결국 영희가 우승을 했다.

영희는 어떻게 했을까?

영희는 멍하니 앉아 있는 철수의 종이를 가로채 비행기를 접어 날렸다.

영희는 어떻게 이런 생각을 할 수 있었을까?

처음에는 나누기를 해서 해결의 실마리를 찾았다. 즉, 철수의 이름이 적혀 있는 종이를 '철수의 것'에서 '철수와 종이'로 나누었다. 보통 철수의 종이는 철수와 뗄 수 없는 것으로 생각한다. 하지만 영희는 그것의 관계(주인과 종속물)를 떼어냈다. 그러자 철수와 종이는 각각 독립적인 개체로 바뀌었다. 이제 영희의 눈에는 철수가 갖고 있는 종이가 더 이상 철수 소유가 아니라 단지 '비행기를 만들 종이'로 보인다. 영희는 나누기를 활용해 문제를 해결했다.

02 엄마가 만드는 아이의 미래에서의 '정사각형 퀴즈' 역시 네 개의 꼭짓점으로 각각 나눈 다음 그것들을 재배치한 것으로 이와 같은 원리다.

두 번째는 아내의 걱정에 대한 이야기다.

부부가 오랜만에 외식을 하기 위해 외출했다. 집에서 출발한 지 10분쯤 지났을까? 갑자기 아내가 힘없이 묻는다.

"나 가스 불 잠갔어?"

아내의 말을 들은 남편이 흔들리기 시작한다. 차를 돌릴 것인가, 말 것인가? 남편은 겨우 이렇게 말한다.

"잘 생각해봐."

아내는 집에서 나오기 직전에 있었던 일을 하나씩 떠올린다. 잠시 후 아내는 스스로 다짐하면서 결론을 내린다.

"맞아, 불 껐어."

남편이 마지막으로 한 번 더 묻는다. 곱하기다.

"확실해?"

아내는 답을 하지 못한다. 남편은 말없이 차를 돌린다.

집에 가보면 가스 불은 잘 꺼져 있다. 부부는 그냥 집에서 짜장면을 배달시켜 먹는다. 집집마다 조금씩 양상이 다르겠지만 생각보다 자주 일어나는 일이다. 좋은 해결책은 없을까?

부엌과 가스 밸브를 '나눈' 다음 공간적으로 '재배치'하면 된다. 가스 밸브는 부엌 벽이나 가스관에 붙어 있다. 이것을 가상으로 떼어내 항상 들고 다니는 휴대전화로 위치를 옮기는 것이다. 그리고 '나 가스 불 잠갔어?'라고 아내가 물으면, 한 번 더 잠그자면서 휴대전화로 가스 밸브를 제어하면 된다. 밖에서 집 안의 온도를 조절하는 것과 같다.

싱크대의 수도꼭지 역시 원래 붙어 있던 부분을 '나눠' 빼낼 수 있도록 만들었다. 〈그림〉처럼 나누기를 통해 생활에 편리함을 제공한다. 휴대전화의 일부 기능을 손목시계로 이동시킨 것도, 내비게이션의 화면을 자동차 앞 유리에 나오도록 하는 기술도 모두 나누기의 원리를 활용했다.

자동차 앞유리를 내비게이션으로

앞장에서는 더하기와 곱하기를 해야 한다고 하더니 이제는 또 '나누라'고 주장한다. 그렇다면 더해야 할까, 곱해야 할까 아니면 나눠야 할까? 여기까지 읽은 엄마는 혼란스럽다.

리모컨이 없던 시절 TV는 채널 선택과 음량 조절 등의 버튼이 TV 몸체에 붙어 있었다. 그런데 누군가 게으른 사람이 생각에 생각을 거듭했다.

'아, 멀리서도 채널을 바꿀 순 없을까?'

전화기는 전화기고 카메라는 카메라다. 그런데 누군가 생각했다.

'전화기에 카메라를 더하면 어떨까?'

그래서 만들어진 것이 리모컨이고 카메라 기능이 포함된 휴대전화다.

결론은 분명하다. 합쳐져 있으면 나누고, 나눴으면 재배치하고, 떨어져 있으면 더하라.

어떤 문제가 발생했을 때,
아이디어가 필요할 때,
붙어 있는 건 떼어놓고, 하나는 둘로 나누고, 떨어져 있으면 합쳐라.
틀림없이 새로운 생각, 창의적인 아이디어가 떠오를 것이다.

아빠 변화시키기

엄마는 밥과 반찬을 마련해 가족의 건강을 책임진다. 그것뿐이 아니다. 청소도 하고 빨래도 하고, 맞벌이의 경우 돈도 번다. 물론 아빠도 노는 건 아니지만 걸핏하면 회식과 접대를 핑계대면서 늦게 들어온다. 형평성에 문제가 있는 게 아닐까?

이 문제를 해결하는 가장 좋은 방법은 나누기다.

일단 아빠의 술자리를 엄마의 저녁과 합친다. 그런데 합치기 전에 먼저 나눠야 한다. 방법은 술집을 떼어내 그것을 집 안으로 옮기면 된다. 식탁 위에 조명도 달고 소주잔, 포도주잔, 양주잔, 맥주잔 그리고 막걸리 전용 양은 대접까지 준비한다. 그래봐야 밖에서 쓰는 술값에 비하면 아무것도 아니다. 저녁도 술집보다 훨씬 맛있고 위생적이며 영양가 있는 안주로 준비한다. 필요하면 촛불도 켠다.

그러면 아빠의 귀가 시간이 빨라질지도 모른다.

포도주 곁들인 저녁을 먹으며 엄마가 다정하게 이야기를 시작한다. 결론은 집안일을 나누자는 거다. 일주일 중에서 토요일은 아빠의 날로, 수요일은 아이의 날로 나눈다. 이날만큼은 적어도 청소는 아빠와 아이가 담당해야 한다.

물론 일요일은 온 가족의 날이다.

아빠의 저항이 생각보다 강하면 격주로 정한다. 이마저 싫다고 하면 '한 달에 한 번'으로 수정해준다. 협상하기 나름이다. 혼자 끙끙대지 말고 나눠라!

일상생활에서 나누기 할 것은 차고 넘친다. 쓰레기도 작게 쪼개서 버리면 쓰레기 봉지의 공간을 최대한 활용할 수 있고, 한 번에 몰아서 하던 일감도 내용이나 난이도에 따라 적절히 나누어 하면 훨씬 더 효율적으로 할 수 있다. 나눌수록 행복해진다는 게 결코 틀린 말이 아니다.

1. 아이가 매일 컴퓨터게임에만 몰두해 걱정이 태산이라면 아이와 함께 교육용 게임을 시작하자. 엄마가 적극적으로 게임을 주도하면 최소한 아이의 게임 중독은 떼어낼 수 있다.

2. 아이에게 전래동화를 읽어줄 때도 아이와 엄마가 각각 등장인물(동물)의 역할을 나누어 맡는다. 지문은 엄마가 읽지만, 대화가 나올 때는 각자 성우처럼 목소리 연기를 해본다.

3. 아빠와 일을 나눌 때처럼 아이에게도 장난감 정리와 같은 일감을 할당해준다.

4. 아이의 행동을 관찰해보면 일정한 패턴이 있다. 숙제를 하든, 학교에서 배운 걸 복습하든, 마냥 놀기만 하든 나름의 패턴이 있다. 엄마도 설거지를 몰아서 할 때가 있듯이 아이도 어떤 건 나눠서 하고 어떤 건 묶어서 한꺼번에 한다. 엄마가 할 일은 아이의 패턴을 부수고 이것을 새롭게 나누고 묶어주는 것이다. 더 정확히 표현하면, 엄마가 아이에게 새로운 패턴을 제안하는 것이다. 종류별도 좋고 시간별도 좋다. 무엇이든 기존의 일정한 패턴이 있으면 바꿀 수 있도록 새롭게 제안한다.
"이렇게 하면 어때?"

나도 이젠 마술사

아이들은 신기해서 마술을 좋아한다. 그런데 왜 신기해 할까? 불가능한 것을 가능하게 만들기 때문이다. 하지만 우리는 알고 있다. 마술은 단지 눈속임이란 것을. 어떻게 속이는지 뻔히 보면서도 모를 뿐이다.

무슨 마술이든 어떻게 했는지 안다면 그것은 더 이상 마술이 아니다. 궁금하지 않기 때문이다. 따라서 마술은 '궁금증'을 남겨놓아야지 그 비밀을 공개해서는 안 된다. 그런데도 지금 한 가지 마술의 비밀을 공개하고자 한다. 왜냐하면 이미 비밀을 공개해버렸기 때문이다. 그것은 다름 아닌 '나누기'다.

준비물 : 빨대, 가위

1. 빨대를 잘라 두 개로 만든다. 크기는 손에 쥘 수 있도록 약 7센티미터 정도가 적당하다.
2. 각각의 빨대를 손으로 잡는다. <그림 1>
3. 위대한 마술사인 엄마는 이 빨대와 빨대를 서로 통과시킬 수 있다. 잘 보라며 빨대

끼리 몇 번 부딪친다. 그러다 얏! 하는 기합과 함께 <그림 2>처럼 빨대를 통과시킨다.

4. 놀라는 아이와 남편에게 마술사처럼 모자 벗는 흉내를 내며 인사한다.

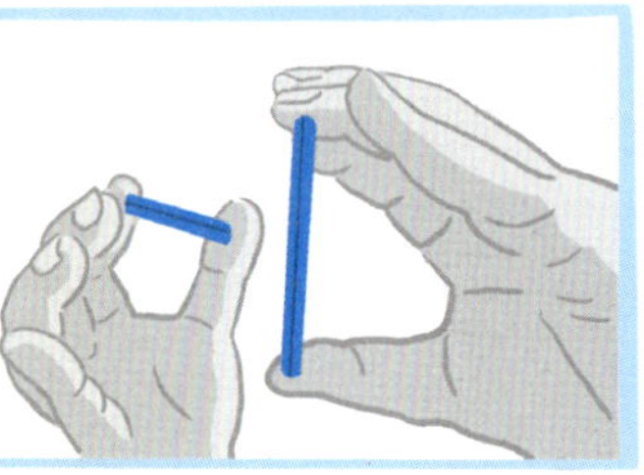
그림 1

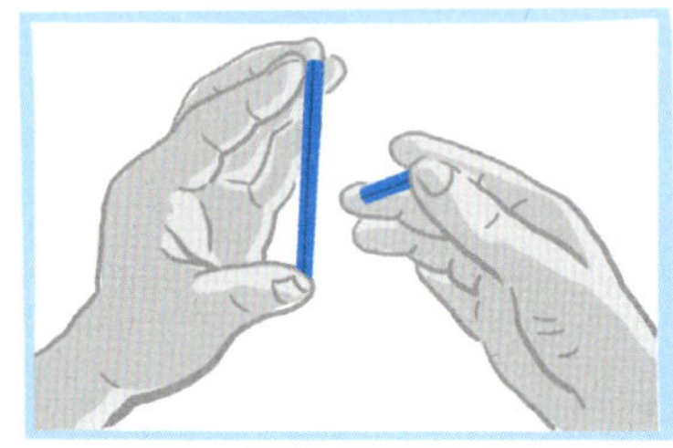

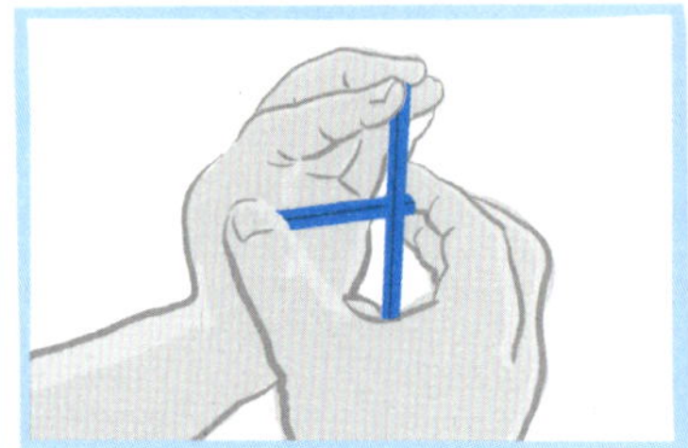
그림 2

이것이 마술인 이유는 빨대끼리 통과할 수 없는데 통과했기 때문이다. 하지만 논리적으로 접근하면 이 마술의 비밀을 어느 정도 풀 수 있다. 이것이 논리의 힘이다.

1. 틈새가 없는 두 물체(빨대와 빨대)는 서로 통과할 수 없다. → 물리

2. 그런데 통과했다. → 마술

3. 따라서 틈새가 있었다. → 논리

이런 논리에 따라 생각해보자.

어떻게 틈새를 만들었을까?

어떻게 틈새를 아무도 몰래 만들어낼 것인가?

우리가 풀어야 할 문제는 바로 이것이다. 이것만 알면 우리도 훌륭한 마술사가 된다.

어떻게 하면 될까?

답은 매우 간단하다. <그림>처럼 빨대에서 엄지손가락을 잠깐 떼어내면 된다. 그리

고 그 틈새로 다른 손으로 잡고 있던 빨대를 순식간에 집어넣고 다시 엄지손가락을 빨대에 붙이면 된다.

주의할 점이 있다. 엄지손가락을 떼어냈을 때 빨대를 잘 잡고 있어야 한다. <그림> 속 마술사도 손가락 세 개를 사용해 빨대의 윗부분을 꽉 잡고 있다. 이것이 이 마술에서 가장 어렵고 중요한 부분이다.

타짜는 손이 눈보다 빠르다고 하는데, 우리들은 눈이 손보다 빠르다. 하지만 다행스럽게도 이 마술은 어느 정도 연습하면 들키지 않고 손가락을 뗐다 붙일 수 있다. 순수한 관중들은 손가락과 빨대 사이를 떨어뜨린다고는 상상도 못하기 때문이다. 마술이 창의적인 이유다. 아무도 생각하지 못한 일을 어떻게 하는지 모르게 하니까!

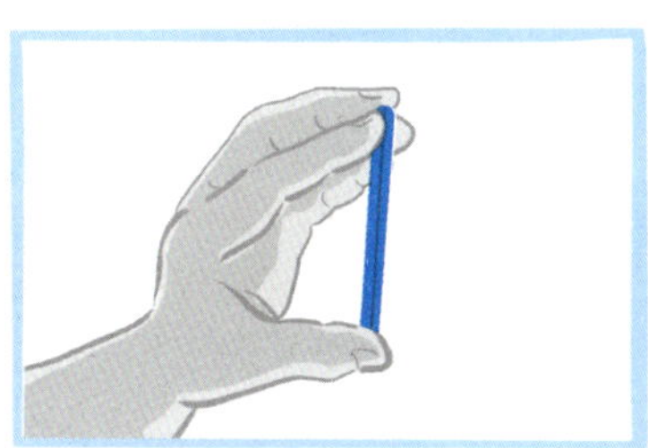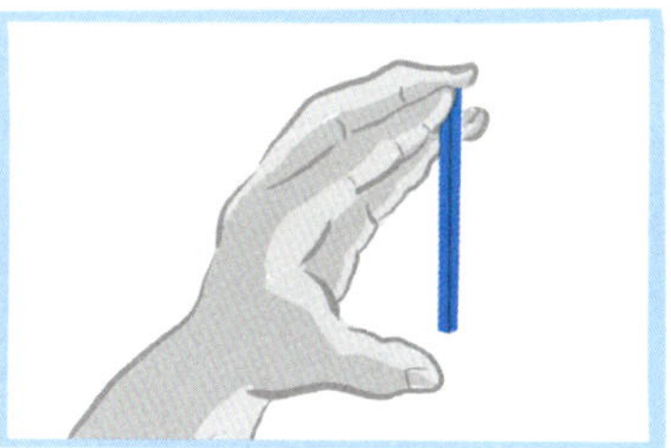

이 마술을 아이에게 가르쳐주자. 그런데 바로 말해주면 효과가 없다. 궁금함이 최대치로 올라갈 때까지 뜸을 들인 다음 논리적으로 접근하는 방법을 먼저 가르쳐준다. 그러고 나서 어떻게 하면 틈새를 만들 수 있는지, 그 방법에 대해 고민하게 한다.

"그런데 엄마는 어떻게 틈새를 만들었을까?"

이러한 과정이 중요하다. 이 질문이 아이로 하여금 '창의적인 생각'을 맘껏 떠올릴 수 있는 기회를 주기 때문이다. 엉뚱한 답도 좋다. 성의를 다해 귀담아 듣는 엄마의 자세가 중요하다.

아무리 생각해도 아이는 답을 모른다. 그때야 손가락을 빨대에서 떼어내는 것을 알려준다. 이것이 '나누기'라면서 틈새의 비밀을 알려주는 것이다. 이 과정을 거쳐야 서로 공존하기 힘든 '논리'와 '창의', 두 마리 토끼를 한꺼번에 잡을 수 있다.

빨대 마술을 실천하기 전에 반드시 읽어볼 것!

1. 엄마 혼자 부단한 노력과 연습을 한 다음, 손가락 떨어뜨리는 걸 들키지 않을 자신이 생겼을 때 시도한다.

그렇게 연습했는데도 아이에게 들키면, 4번부터 읽어보자.

2. 아이 앞에서 실행하기 전에 친구나 이웃집 엄마를 대상으로 먼저 해본다. 경험보다 좋은 선생님은 없다.

3. 관중들은 적어도 2미터 이상 거리를 두고 앉게 한다. 가까이 있으면 손가락을 떼어내는 순간 바로 들키게 된다.

4. 혹시 들켜도, 좌절하지 않는다.

5. 들키게 되면 오히려 기회라고 생각하자. 아이에게 마술사 역할을 일임하면 된다.

마술사 아이의 새로운 관중은 퇴근하고 돌아올 아빠로 설정한다.

6. 미리 남편한테 전화해서 속아달라고 귀띔한다.

1. 아이에게 논리를 알려준다.

"틈새가 없는 두 물체는 서로 통과할 수 없는데 통과했다. 따라서 틈새가 있었다."

2. 이어서 질문한다.

"그렇다면, 엄마는 틈새를 어떻게 만들었을까?"

3. 나누기의 뜻을 알려준다.

"마술의 비밀은 엄지손가락을 떼는 데 있어. 이렇게 붙어 있는 걸 떨어뜨리는 것이 나누기야. 큰 것을 작게 쪼개는 것도 나누기고."

4. 사과 한 개를 가지고 와 칼로 자르면서 나누기를 직접 보여준다.

5. 그리고 이야기를 나눈다.

"이렇게 자르면 사과가 둘로 나눠지는데, 크기는 어떻게 됐어? 작아졌지? 큰 건 엄마가 먹고 작은 건 네가 먹어. 나누면 이렇게 작아져. 피자 먹을 때 너무 크니까 부채꼴 모양으로 나누잖아? 그것도 나누기야. 나누면, 붙었던 건 떨어져. 사과는 조각이 나서 작아지고 빨대는 짧아지지."

6. 아이에게 자신감과 용기를 북돋워준다.

"아빠 오면 네가 한번 해봐. 아마 깜빡 속을걸!"

7. 아이가 신나서 연습한다. 엄마는 관중 역할을 하면서 여러 가지 조언을 해준다. 보나마나 아이는 어설플 테다. 빨대를 세 개의 손가락으로 잡는 것이 쉽지 않아 자꾸 빨대를 떨어뜨릴 것이다. 그러면서 아이는 스스로 느끼고 배운다. 이것이 놀이다.

8. 아이가 자꾸 떨어뜨리면 아이 손 크기에 맞게 5센티미터 정도로 빨대 크기를 줄여준다.

"너무 크다. 또 나누자."

가위로 빨대를 다시 나누기하는 것을 보여준다.

9. 아빠에게 전화해서 속아 달라고 부탁하는 것을 잊지 말자.

10. 만약 무엇이든 잘 속는 순수한 아빠라면 오늘은 좀 일찍 들어오라는 전화만 한다.

이런 과정을 통해 아이는 '나누기'의 의미를 확실히 깨닫는다. 나중 학교에서 처음으로 나누기를 배울 때, 엄마가 알려준 '손가락 떼기' 마술을 흐뭇하게 떠올릴 것이다. 그리고 수학 시간이 재밌고 기다려질 것이다.

학교 입학 전 아이에게 '알아가는 재미'를 선물하라. 마술사 엄마의 추억과 함께!

빼기

살림살이가 단출해도 살다 보면 이것저것 물건들이 쌓이게 마련이다. 그 중에는 몇 년 동안 쓰지도 않으면서 고이 모셔둔 물건들도 많다. 이것들은 이사할 때만 겨우 만져보는데 그때마다 고민에 빠진다. '이걸 버려? 말아?' 하지만 아까워서 못 버린다. 사은품 준다고 해서, 폐점 시간이 5분밖에 남지 않았다고 해서, 이런 파격적인 할인 이벤트는 마지막이라고 해서 어렵게 장만한 건데 어떻게 버릴 수 있는가?

2년 후 다시 라면 박스에 이삿짐을 쌀 때, 그때서야 그 물건들은 어김없이 불쑥 또 얼굴을 내민다. 어떤 건 아예 박스째 지난 2년 동안 잠자고 있었다. 그래서 다시 한 번 고민한다. '이걸 버려? 말아?'

중요한 줄 알면서도 매일매일 놓치는 것이 있다. 다름 아닌 '시간과 공간'이다. 시간은 금이다. 어릴 때부터 배웠는데 이 교훈을 자꾸 깜빡한다. 시간은 보이지 않기 때문이다. 공간도 마찬가지다. 보이긴 하는데 좀처럼 보지 못한다. 버리면 시간과 공간에 여유가 생긴다.

필요 없는 것, 쓰지 않는 것 버리기!

이것이 빼기다.

온 가족이 함께 빼기를 실천해보자.

한 달에 한 번 '버리는 날'을 정하고 실천한다.

처다보지도 않는 장난감, 써보면 안 나오는 볼펜, 살 빼면 입겠다는 옷들, 지키지도 않는 계획표, 유행 따라 괜히 산 모자, 신지도 않는 신발, 냉동실 구석에 있는 이름 모를 생선 등등 버릴 게 많다.

TV에, 냉장고에, 세탁기에, 전기밥솥에 자꾸만 뭐가 추가되고 따라붙는다. TV리모컨을 살펴보라. 단추가 정말 많다. 그런데 자세히 보면 자주 쓰는 건 세 개뿐이다.

TV 리모컨, 오디오 리모컨, 에어컨 리모컨 등 웬만한 가전제품에는 리모컨이 부록처럼 따라온다. 집집마다 서너 개 이상은 갖고 있다. 모양도 비슷해서 나중엔 어느 게 어디에 쓰는 건지 헷갈린다. 많으면 빼야 하는데 빼지 못해서다. 그래서 등장한 것이 통합(더하기) 리모컨이다.

지갑을 열어보면 신용카드도 세 개 이상이다. 열 개씩 갖고 다니는 사람도 있다. 신용카드, 포인트 카드, 다시 신용카드, 다시 포인트 카드 등등 그래서 등장한 것이 통합(더하기) 카드다.

리모컨도 통합했고 카드도 통합했다. 알고 보니 더하기와 빼기는 반대 개념이 아니었다!

정말 추천하는 빼기는 지금부터다.
가장 중요한 것을 뺀다!
가장 아끼던 것을 뺀다!

얼핏 이해가 가지 않을 것이다. 그런데 아무도 생각하지 못했던 기발한 아이디어는 가장 중요한 것을 빼고 난 다음에 찾아온다. 모두들 추가하려고만 하기 때문에 이 빛나는 순간을 놓치는 것이다.

회사에서 최고의 인재들만 모아 팀을 꾸려 세계적인 최첨단 제품을 개발한다. 이렇게도 해보고 저렇게도 해보고 갖은 시행착오를 다 겪으며 땀을 흘린다. 드디어 그동안의 노력을 보상받을 완성 단계에 왔다. 그런데 한 가지 부품이 말썽이다. 처음부터 그랬는데 끝까지 말썽이다. 이것이 없으면 원하는 기능이 구현되지 않는다. 이것은 핵심 요소다. 어떻게 할까?

과감히 빼버린다!

그리고 다시 검토한다. 이것이 꼭 있어야 돼? 이것이 없다면? 다른 건 안 돼? 그러면 생각지도 못했던 다른 방법이 반드시 나타난다.

축구경기를 보라. 누구 없으면 큰일 날 것 같지만 그 선수를 빼도 다른 선수들이 그 틈을 메운다. 전에는 그들이 그렇게 잘 하는지 몰랐는데 오늘 보니 아주 날아다닌다. 팀장이 해외출장을 떠나자마자 갑자기 팀원들이 펄펄 난다. 실적이 치솟는다.

실제 이런 반전은 일어날 가능성이 있다. 그동안 최고의 핵심이라고 굳게 믿었기 때문에 감히 뺄 엄두를 내지 못해서 이런 가능성 자체를 봉쇄한 것이기 때문이다. 절대로 불가능해서가 아니다. 이 없으면 잇몸이라는 의미가 아니다. 가장 중요한 것을 빼라는 말은 이것과 차원이 다른 이야기다. 핵심을 빼면, 빼버리기 전에는 몰랐던 것을 비로소 알게 된다는 의미다. 이것이 빼기를 해야 하는 진짜 이유다.

아빠와 함께

아빠와 엄마는 둘 사이에 없어서는 안 되는 것이 무엇인지 가장 중요한 것부터 순서대로 종이에 적어본다. 아이, 사랑, 돈, 집……기념일, 취미, 외식 등등. 아빠와 의견이 다르면 아빠가 원하는 대로 적게 해준다. 남자는 여자보다 단순해서 괜한 것도 이기려 들기 때문이다.

다 썼으면 첫 번째 항목부터 없앤다.

첫 번째로 꼽은 '아이'를 없애라고? 충격 받지 마라. 부부는 보통 아이 때문에 싸운다는 것을 상기해보라. '아이'를 항목에서 뺀다는 것은 부부 사이 마찰이 생겼을 때, '너와 나, 우리 부부만' 생각하자는 의미다. 실상 아이 문제를 배제하고 대화를 해보면, 의외로 괜한 걸로 싸우고 있었다는 것을 깨닫게 된다.

이렇게 하나씩 빼보자.

엄마 혼자

방법은 똑같다. 자신에게 중요하다고 생각하는 것을 순서대로 나열한다.

나-아이-돈-집-휴대전화-화장품-옷-가방-친정-취미-기념일-외식-사랑-남편…….

사람마다 순서도 다르고 항목도 다를 것이다. 그런데 잊지 말아야 할 것은 세상에서 가장 중요한 건 '나'라는 점이다.

주의

이 종이는 남편한테 보여주지 않는 것이 좋다. 들키지 않을 자신이 없으면 순서와 종류를 외우고 종이를 없앤다(빼기). 들킬 것 같고 외울 자신도 없으면, 남편을 1순위로 옮겨 적는다.

다 적었으면 하나씩 가상으로 빼면서 '없다면 어떻게 될까' 생각해본다.

아빠 혼자

인생에서 가장 중요하다고 생각되는 것들을 적어보라고 한다. 남편이 무엇을 중요하게 생각하는지 알아보는 계기가 될 수 있다. 그런데 만약 다음과 같이 적기 시작하면 이 목록은 크게 믿을 게 못 된다.

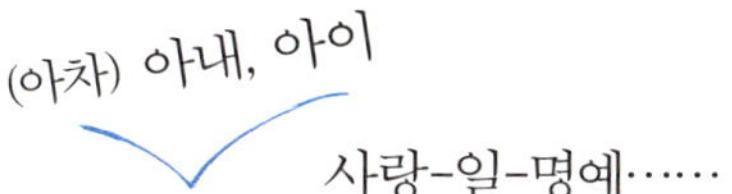

아내가 옆에서 보고 있으니까 속마음과 다르게 적는 것이다. 그런데 자동차-돈-일-휴대전화-노트북-바둑(낚시, 등산)……등의 순서로 적어나가면 믿어도 된다.

아빠의 목록을 벽에 붙여놓는다. 며칠 지나면 남편 스스로 항목이나 순서를 바꾸기도 하는데 모르는 척 그냥 내버려둔다.

1. 다 잘하면 좋지만 이 세상에 그런 사람은 없다. 아무리 가르쳐도 아이가 흥미를 느끼지 못하면 그것은 과감히 뺀다. 차라리 그 시간에 다른 것을 알려준다. 남들이 하는 것만 따라 하면 남들만큼 된다. 물론 아이가 싫어하거나 못해도 가장 근본이 되는 기초는 철저히 배울 수 있도록 도와준다.

2. 그림책에서 아이가 가장 좋아하는 부분을 가위로 오려낸다. 그리고 엄마는 정성껏 그 부분을 직접 그려 그림을 오려낸 자리에 다시 붙인다. 엄마는 아이가 정말 좋아하는 게 무엇인지 새삼 느낄 수 있다. 엄마가 비록 그림 실력은 부족하지만 정성을 다해 그렸다면, 아이는 엄마의 사랑을 느낀다.
다만 원본을 내놓으라고 요구할 것에 대비해 오려낸 부분은 버리지 말자. 잘 간수했다가 여차하면 액자에 담아서 줄 각오도 한다.

3. 엄마와 아이가 함께 이 세상에서 가장 중요한 것의 목록을 작성한다. 그리고 아이에게 빼기를 하게 한다.
"이것이 없다면?"
"이걸 빼면 어떻게 될까?"
"이게 꼭 있어야 할까?"

"오늘부터 다른 걸로 이 부분을 채워 넣어볼래?"

상황에 따라 그에 맞게 대처하면서 아이와 함께 이야기를 나눈다.

그런데 아이와 하는 이 목록 놀이는 '빼기'가 목적이 아니다. 정말 소중한 것이 무엇인지 함께 나누는 것이 더 큰 목적이다.

아이가 맘껏 더하고 곱하고 나누고 뺄 수 있도록 이끌어줘라.

엄마가 노력한 만큼 창의적인 아이가 된다! 엄마의 노력 덕분에 아이의 창의력은 쌓이고 쌓이다가 어느 날 갑자기 쾅 폭발하기 시작할 것이다.

남은 것은 '뒤집기'다. 뒤집기만 배우면 내 아이의 창의력을 폭발시키는 엄마의 마법이 완성된다.

이제 뒤집자!

다 엎어버리자!

다 뒤져봐서!
열어라!

단점이 장점이다

단점은 절대적일까?

어떤 계기가 있어 갑자기 부족함이 채워질 수도 있고 단점인 줄 알았던 것도 어느 날 갑자기 고쳐지거나 바뀔 수 있다. 고쳐지지 않는다고 해도 아이의 단점이 커서 살아가는 데 크게 어려움을 겪지 않을 정도라면 내버려두는 것도 방법이다. 아이의 단점은 부모 중 한사람으로부터 물려받은 경우가 많다. 그래서 내 아이고 내 가족이다.

아무리 마음씨 좋은 사람이라도 단점을 지적받으면 일단 기분이 상한다. 하물며 참을성이 없을 수밖에 없는 아이는 어떻겠는가? 엄마가 생각하는 것보다 깊이 상처받는다. 자꾸 못한다고 지적당하면 주눅이 들어 점점 더 못한다.

모임에서 돌아가며 노래 부르기를 하는데 유독 긴장하는 사람이 있다. 제 차례가 오면 거듭 손사래를 치거나 슬그머니 사라지기도 한다. 그런데 노래 못하는 것도 개성이다. 거꾸로 활용하면 나름 매력이 될 수도 있다. 음치 친구가 내가 정말 그렇게 못했냐고 진지하게 물으면 다들 웃음을 터뜨린다. 그림 재능도 음악처럼 타고난다. 하지만 잘 그린다, 못 그린다의 경계는 지극히 개인적 기준에 따른다. 구성은 떨어져도 색감이 놀라울 정도로 풍부한 사람이 있고 그 반대도 있다. 어릴 때 엄마가 너는 그림 못 그린다고 결정해버리면 아이의 잠재 능력은 영원히 사라져버린다.

단점으로 보였던 부분이 오히려 장점이 되는 경우도 있다. 달변가보다 어눌한 말투의 사람이 오히려 신뢰를 얻는 경우처럼.

부모가 시키는 대로만 하는 아이가 있는 반면 거꾸로만 하는 아이도 있다. 주어진 상황이나 경우에 따라 '착한 아이'도 되었다가 '말썽꾸러기'가 되는 아이도 있다. 이 아이가 커서 어떤 사람이 될지는 아무도 모른다. 시대가 변하면 가치관도 어떻게 바뀔지 모른다.

위인전을 너무 믿지 마라. 특히 위인들의 어린 시절은 더더욱 믿지 마라. 대부분 위인으로 추앙받게 된 시점에 맞춰 어린 시절의 일화를 각색했을 가능성이 크기 때문이다. 어릴 때는 인내심이 강했고 유아기 때는 배려심이 남달랐으며, 거의 '태어나자마자' 불쌍한 사람을 보면 그냥 지나치는 법이 없었고, '태어나자마자' 사랑과 평화를 부르짖었다 등등 과장의 연속이다. 물론 아이가 위인전을 읽는 것까지는 좋다. 그런데 아이가 이것을 진짜 믿게 된다면 어떻게 되겠는가? 공상가 되기 전에 몽상가 된다.

자, 지금부터는 무엇이든 다 뒤집는다!

무조건 뒤집어본다!

뒤집으면 다른 게 보이고, 모르는 것을 알게 된다. 혹시 괜히 뒤집었다

싶으면 바로 되돌리면 되니까 안심하고 일단 뒤집는다.

뒤집기에는 크게 네 가지 방법이 있다.

1. 위치 또는 방향을 뒤집는다. '커튼을 창문 밖에 설치한다.'

2. 순서를 뒤집는다. '일기를 먼저 쓰고 그에 따라 행동한다.'

3. 주체와 객체를 뒤집는다. '엄마가 아이의 주간 계획표를 쓰고, 아이가

엄마의 주간 계획표를 쓴다.'

4. 개념을 뒤집는다. '관람료는 관객이 정한다.'

이렇게 무엇이든 다 뒤집는다.

위치와 방향,
순서를 뒤집어라

커튼이나 블라인드는 다음 〈그림〉처럼 방 안쪽에 설치한다. 그것의 역할은 밖에서 들어오는 빛 또는 열을 가리거나 막는 데 있다. 그런데 이 빛 또는 열은 창문을 기준으로 보면 밖에서 안으로 이미 들어와 있다. 따라서 커튼이나 블라인드는 이미 '들어와 있는' 것을 차단하는 셈이다. 빛은 막을 수 있는지 몰라도 열은 다르다. 더하기/곱하기 원리를 이용한 이중 유리창으로 방음 방열의 효과를 높였지만, 그다음 단계인 커튼이나 블라인드의 위치가 비효율적인 곳에 있다. 어떻게 하면 좋을까? 〈그림〉처럼 창문 사이나 외부 유리창 바깥에 설치하면 된다.

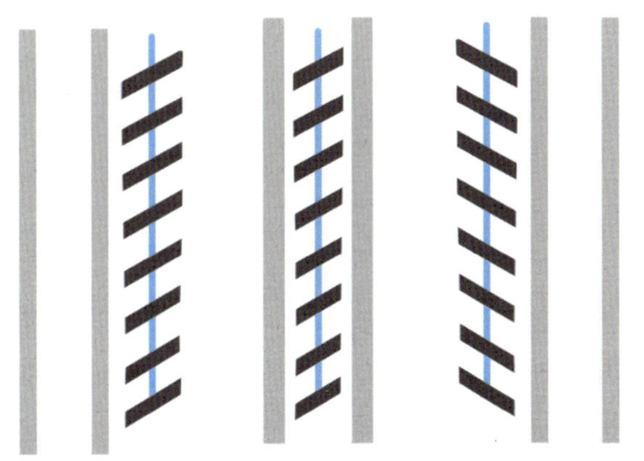

그런데 왜 이렇게 하지 않았을까?

첫째, 이중 창문 사이가 좁아 커튼이나 블라인드를 설치할 공간이 없다.

둘째, 이중 창문 사이에 설치하면 그것을 내리거나 올릴 때마다 안쪽 창문을 열어야 한다.

셋째, 외부 창밖에 설치하면 먼지 때문에 커튼이 쉽게 더러워진다.

아파트 이중 유리창문을 살펴보면 실제로 창과 창 사이에 커튼을 설치할 공간이 없다. 첫째 이유는 일견 그럴듯하다. 하지만 '순서'를 기준으로 보면 그렇지 않다. 처음 설계한 사람이 '커튼을 창과 창 사이에 설치한다'는 생각을 하지 못했기 때문에 창과 창 사이가 좁은 것이지, 사이가 좁아서 설치하지 못한 게 아니기 때문이다.

이렇게 위치와 순서, 방향을 뒤집으면 새로운 아이디어가 떠오른다. 그리고 때때로 위치와 순서가 잘못되어 있다는 걸 깨닫게 된다.

사실 무엇이든 지금의 위치와 순서는 그럴 만한 이유가 있어서 정해진 것이다. 예를 들면, 신규 분양하는 아파트의 모델하우스들을 둘러보면 냉장고와 세탁기의 위치는 거의 일정하다. 냉장고는 싱크대나 식탁 가까운 곳에, 세탁기는 배수구 근처다.

하지만 침대나 장롱, 아이들 책상의 위치는 특별히 정해진 바 없다. 그런데도 사람들은 이것들의 위치나 방향을 결국 비슷하게 배치한다. 머리는 북쪽을 향하는 게 좋다는 믿음 때문인지 침대는 모두 한 방향이고, 효율적인 공간 활용을 위해선지 책상은 구석에 놓여 있다. 책꽂이는 당연히 책상 옆이다. TV는 온 식구가 모이는 거실의 한쪽 벽면에 있고 소파는 그 반대편에 위치한다.

왜 그럴까? 이동하기 편하고 사용하기 편해서다. 만약 냉장고가 방에 있고 세탁기가 거실 한가운데 있다면 불편하고 시끄러워서 싫다. 책꽂이도 책상에서 멀리 있으면 책 가지러 가기 귀찮아 독서하기 싫어진다.
그래도 가끔 이것들의 위치와 방향을 바꿔보자.
TV는 과감히 아이 방으로, 냉장고는 베란다로, 책꽂이는 책상에서 가장 먼 곳에 갖다 놓는다. 그러면 TV 그만 보고 방에 가서 공부하라는 잔소리를 할 필요가 없고 냉장고 문은 꼭 필요할 때만 열게 된다. 읽을 책을 고르러 갈 때마다 절로 운동을 하게 된다.
큰 효과는 없겠지만 적어도 기분전환은 된다.
아니다 싶으면, 그때 다시 바꾸면 된다.

▶ 우산
앞에서 살펴 본 뒤집기는 사물의 위치나 방향을 바꾸는 것이지만 자기 자신을 뒤집는 것도 있다. 좋은 예가 거꾸로 접는 우산이다. 원리는 간단하다. 뒤집었다! 〈그림〉처럼 사용자를 기준으로 하면 위아래가 바뀌었고, 우산 면을 기준으로 보면 안팎이 바뀌었다.

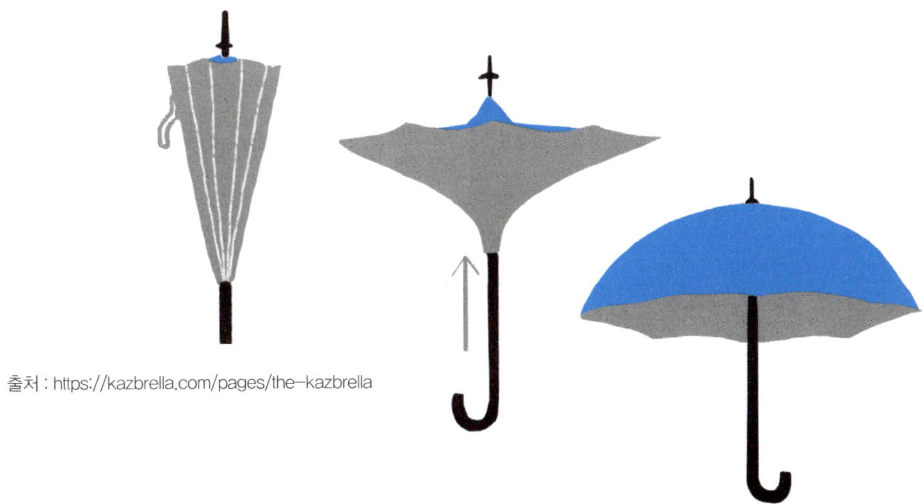

출처 : https://kazbrella.com/pages/the-kazbrella

이 기발한 아이디어는 제난 카짐Jenan Kazim이 그의 장모 집에 있을 때 떠올랐다고 한다. 비 오는 날 장모가 물이 뚝뚝 떨어지는 우산을 들고 집 안으로 들어왔다. 장모는 빗물이 흘러내리는 우산을 어디에 둬야 할지 몰라 난감해했다. 그 순간 제난은 뒤집어지는 우산의 영감을 얻었다. 그는 이 우산을 만들기 위해 수천 개의 우산을 분해했다. 아이디어를 떠올리는 건 순간이지만 그것의 결실을 얻기 위해선 오랜 시간 땀을 흘려야 한다.

제난은 왜 우산을 뒤집었을까?

비 오는 날 만원 버스나 지하철을 탔다고 생각하면 쉽게 짐작할 수 있다. 우산이 거꾸로 접히면 비를 맞은 면이 안쪽으로 들어간다. 나도 남들도 우산 때문에 옷이 젖을 염려가 없다. 우산 끝을 끈으로 조이면 빗물이 바닥에 거의 떨어지지 않는다. 아이와 함께 개발자 제난의 웹사이트에 들어가 동영상을 감상해보자. 특히 자동차 탈 때 우산을 접는 모습이 재미있다.

▶ 통조림

통조림은 뚜껑만 따면 바로 먹을 수 있다. 그런데 캔에 들어 있는 식품을 먹기 전에 한 가지 알아두면 좋은 점이 있다. 즉, 진열대에 두었던 통조림은 중력에 의해 맛있는 부분이 바닥에 가라앉아 있으므로 뚜껑을 따기 전에 위아래를 뒤집어 흔드는 것이 좋다. 그래야 내용물이 골고루 섞여 제 맛을 즐길 수 있다.

그래서 매우 단순하지만 기발한 아이디어가 등장한다.

마트에 가서 캔 제품들의 진열대를 자세히 살펴보라. 과일이든 생선이든 캔 제품은 〈그림〉처럼 위아래가 뒤집힌 채 진열되어 있다 물론 그렇지 않은 제품들도 있다.

비록 고정관념이긴 하지만 '뚜껑은 위에 있다'는 생각을 기준으로 하면, 캔을 여는 부분이 통조림 제품에서 위가 된다. 통조림 제품은 바로 그 위가 아래에 있다는 말이다. 다시 말해 위를 아래로 뒤집어놓았다. 그에 따라 상표도 뒤집었다. 따라서 내용물은 뒤집혀 있어도 우리 시각에서는 바르게 보이는 상표 때문에 정상적으로 놓인 것처럼 보인다. 뚜껑을 딸 때 어차피 다시 뒤집을 테니, 사실 아무 문제가 없다.

엄마 혼자

일기는 이미 지난 하루를 정리하는 기록이다. 이것의 순서를 뒤집어 '내일의 일기'를 써본다. 이것은 계획표가 아니다. 계획은 '무엇을 하겠다'는 의지이고 내일의 일기는 일기예보처럼 '어떻게 될 것이다'는 예상이다. 따라서 틀릴 확률이 매우 높다. 그래서 더 마음 편히 쓸 수 있다.

내일 일어날 일을 예측하고 미리 쓰다 보면, 때로는 가슴 설레는 드라마가 만들어지기도 하고 때로는 공포소설을 쓰게도 된다. 이것을 다음 날 잠들기 전에 다시 읽어보면 마치 영화 한 편 보는 것 같다. 매일매일 여러 장르를 넘나들며 영화감독처럼 자신의 인생을 설계해보라.

1. 아이가 자주 재밌게 읽는 책이 있으면 그 책만 책꽂이에 뒤집어 꽂자고 제안한다. 위아래가 아니라 앞뒤를 뒤집는다. 이 책만 뒤집혀 있으므로 다음에도 금방 찾을 수 있다. 한 권이 아니라 열 권쯤 되면 헷갈리기는 해도 두께만 보고 찾아내는 재미도 생긴다. 아이가 재밌어 하면 뒤집히는 책들이 점점 많아질 것이다. 그러면 잘 읽지 않던 책도 꺼내보게 되어 결국 그것도 뒤집어 꽂는 날이 온다. 책장에 있는 책들이 모두 뒤집히는 날이 오면, 아이는 독서에 재미를 붙여 다른 책도 사달라고 조르게 된다.

2. 집에 있는 사물들을 뒤집어놓는다.

✔ 벽시계를 거꾸로 매단다.

✔ 달력을 거꾸로 걸어놓는다.

✔ 그림을 거꾸로 걸어놓는다.

3. 이미 여러 번 읽었던 책 중에서 한 권을 골라 아이와 함께 책의 끝 페이지부터 읽는다. 그리고 앞으로 페이지를 넘기기 전에 먼저 아이에게 이렇게 묻는다. 이전에 뭐였더라? 왜 이런 일이 생겼지? 아이의 대답이 책 내용과 달라도 상관없다. 아이가 새로운 이야기를 창조해낼수록 좋다.

4. 숫자와 더하기 개념을 어느 정도 아는 아이에게 어느 문제가 더 효과적일까?

① **5 + 2 =**

② **+ = 7**

첫 번째는 답이 **7**로 하나밖에 없다. 두 번째는 **1**과 **6**도 되고, **4**와 **3**, **2**와 **5** 등등 답이 여러 개다. 따라서 아이에게 두 번째 문제를 내면, 처음에는 거부감을 드러낸다. 이렇게 뒤집힌 문제에 익숙하지 않기 때문이다.

"이게 뭐야? 문제 잘못 낸 거 아냐?"

"보기 없어?"

"문제가 틀렸어."

"엄마, 어릴 때 공부 못했구나?"

여러 가지 반응이 나온다. 엄마는 반드시 아이에게 "왜?"라고 묻는다.

아이는 이렇게 대답한다.

"**1+6, 2+5, 3+4, 4+3, 5+2, 6+1**처럼 답이 많아. 이 중에서 어느 걸 써야 하냐고? 그러니까 문제가 틀린 거지!"

"**3+4**와 **4+3**은 같은 거잖아?"

이렇게 되묻는 아이도 있을 것이다.

아이가 이 정도로 답하면 더하기 개념은 완전히 이해한 걸로 봐도 무방하다. 그럴 때는 그렇다고 맞장구쳐주면서 두 번째 질문으로 넘어간다.

사실 이런 식의 시험문제는 곤란하다. 어디까지나 시험은 무엇을 얼마큼 알고 있는지 알아보기 위한 수단이다. 여러 개의 답을 갖고 있는 문제를 출제하면 점수를 매기기 어려워진다. 논술 시험도 채점의 객관성이 항상 문제로 지적되는데, 어쩔 수 없는 한계가 있다. 아무리 채점의 기준을 세워놓아도 채점자 개인의 주관이 완전히 배제될 수는 없기 때문이다.

다만 두 번째 형식의 문제를 시험문제가 아니라 교육과정에서 활용한다면 아이에게 개념을 이해시키는 데 큰 도움이 된다. 그리고 이런 문제는 생각지도 못했던 가치 있는 대화도 이끌어낸다. 진정한 '질문과 토론' 교육이다.

만약 아이가 이런 반응이 아니라 어떻게든 답을 찾아보겠다며 끙끙 앓고 있다면 지금이야말로 창의성 교육을 위한 최적의 순간이다. 생각에는 여러 가지 방법이 있다는 것을 아이는 아직 모르기 때문이다.

"1부터 시작해볼까? 1에다 얼마를 더하면 7이 되지?"

"6? 그렇지! 역시 넌 내 아들이다!"

"그럼 2(3, 4, 5, 6, 7)에다는 얼마를 더해야 7이 될까?"

"아차, 한 개 빠뜨렸다! '0'도 있지. 그치? 0에는 얼마를 더해야 7이 될까?"

"근데 0이 뭐지?"

가장 좋은 교육은 아이가 실제로 부딪칠 문제들은 두 번째와 같은 문제들이 훨씬 많다는 것을 알게 해주는 것이다. 첫 번째 문제 유형에 익숙해지기 전에! 그렇다고 '인생이란' 하면서 삶이 복잡하다고 말하자는 건 아니다. 다만 '생각하는 방법은 많다'는 것을 느끼게 해주라는 뜻이다.

5. 더하기를 완전히 이해했다면, 다음의 문제를 낸다.

① 김치 + 물 =

② ＿ + ＿ = 김치 찌개

김치에 물을 더하면 뭐가 될까? 김칫물? 김칫국? 김칫물은 될지 몰라도 김칫국은 아니다. 김칫국이 되려면 '열'이 더해져야 하기 때문이다. '국'이란 '물과 함께 끓인 것'이라고 정의한 이상 그렇다. 김칫국보다 복잡한 김치찌개에는 김치와 물 이외에도 파, 고추, 돼지고기 등 기호에 따라 여러 가지 양념과 재료가 들어간다. 따라서 두 번째 문제의 답은 첫 번째보다 훨씬 복잡하고 다양하다.

우리가 살아가면서 마주치는 문제들은 대부분 이런 식이다.

그런데 아이에게 '5+2=☐'을 연습시키겠는가, '☐+☐=7'을 함께 이야기하면서 여러 가지 해결책을 가르치겠는가?

정답은 하나뿐이라는 고정관념의 늪에서 아이를 구해내자!

다양한 사고를 할 수 있는 힘이 곧 창의력이다!

주체와 객체를 바꿔라

"호랑이에게 고기 달란다."

이 말은 어림도 없는 일을 일컫는다. 우는 아이에게 떡 하나 더 준다는 것은 적극적으로 원하는 사람이 더 얻게 된다는 말이다. 그런데 호랑이에게 울면서 고기 달라고 하면 어떻게 될까?

절대로 안 준다!

속담은 틀린 말이 없다. 그리고 재미있다. 아이에게 속담만 가르쳐도 세상 이치를 깨닫게 하는 데 큰 도움이 된다. 그런데 속담에는 세상 이치에 관한 것만 있는 게 아니다.

"호랑이에게 고기 달란다."

"눈 가리고 아웅 한다."

가당찮은 행동을 꼬집는 속담이다.

"물에 빠진 놈 건져놓으니 봇짐 내라 한다."

이것은 '주체 객체 뒤집기'로 이른바 주객전도된 모습을 지적한 속담이다.

부채를 손에 들고 고개만 좌우로 흔든다고 시원해질까? 세수한다면서 손에 비누 거품을 묻히고 얼굴만 이리저리 움직이는 것도 마찬가지다.

하지만 발상 전환의 한 가지 방법으로 '주체 객체 뒤집기'를 권한다. 주체와 객체를 뒤집으면 호불호를 떠나 그에 따른 결과가 매우 독특해진다. 그것만으로도 이미 남과 다른 창의적인 생각을 한 것이기 때문이다.

주체 객체를 뒤집어 창업한 사업도 많다. 책을 보려면 도서관까지 가야 하는데, 이것을 뒤집은 것이 우리집 앞으로 찾아오는 '이동도서관'이다. 물건을 찾으러 우체국까지 가야 하는데, 주객을 뒤집자 '택배' 기사가 찾아온다. 돈을 꾸려면 은행에 가야 하는데, 전화 한 통이면 꿔준다는 대출업체가 우후죽순처럼 생겼다. 모두 주체와 객체를 뒤집은 결과다.

1. 칫솔을 쥐고 얼굴만 좌우로 흔들어봐야, 이는 닦이지 않고 머리만 아프다. 이런 주객전도 방법은 언제 어떻게 활용하는 것이 좋을까? 매번 엄마가 아이에게 책을 읽어주었다면, 이 시간부터는 아이에게 읽어달라고 한다.

아이가 아직 한글을 몰라도 상관없다. 그동안 아이가 외울 만큼 많이 읽어줬기 때문에 얼마든지 엄마를 위해 읽어줄 수 있다. 특히 자신이 좋아하는 책은 처음부터 끝까지 훤히 꿰고 있다. 아마도 중간중간 자기 나름대로 살까지 붙여 읽어줄 것이다. 때로는 자기가 원하는 쪽으로 이야기를 바꿀지도 모른다. 그저 모른 척하고 재미있어 해주면 된다. 아이는 엄마를 위해 책을 읽어준다는 사실이 행복하다. 아이가 어려워하면, 아이가 가장 좋아하는 부분만 읽어달라고 한다.
"~라고 팥쥐가 말했다. 그랬더니 콩쥐가 어떻게 했더라? 그 다음에 어떻게 됐어?"
엄마가 하던 일을 거꾸로 아이에게 맡긴다.

2. 매주 일요일 저녁마다 주체와 객체를 바꾼 주간 계획표를 만든다. 엄마는 아이의 계획표를, 아이는 엄마의 계획표를 만든 다음 벽에 붙여놓는다. 이렇게 하면 각자 서로에 대해 원하는 것이 무엇인지 알 수 있다.
그리고 다음 주 일요일 저녁, 전 주에 썼던 계획표를 어느 정도 실천했는지 점수를 매긴다. 상대방에 대한 평가가 아니라 자신에 대한 평가를 한 다음 그것을 벽에 붙인다. 다시 지난주처럼 다음 주 주간 계획표를 작성해 그 옆에 붙여놓는다.

큰 종이에 큰 글씨로, 하루 한 개씩 내용과 종류가 일곱 개를 넘지 않는 것이 좋다. 어렵고 귀찮아지면 계속하기 힘들어 지키기 어렵다. 아빠도 원하면 끼워준다. 엄마는 아빠를, 아빠는 아이를, 아이는 엄마 아빠의 계획표를 만들면 된다. 예를 들면 이런 것이다. 월요일은 '아빠, 7시까지 집에 오기', 화요일은 '아빠, 설거지하기', 수요일은 '엄마, 게임 못하게 하지 않기', 토요일은 '아빠, 놀아주기' 등등.

아빠와 함께

엄마가 하던 일을 아이에게 맡겼듯이, 남편에게도 마찬가지로 해본다. 남편 퇴근 시간에 맞춰 회사 앞으로 간다. 언제나 남편이 먼저 외식하자고 했다면 이번에는 거꾸로 아내가 장소와 시간을 정하고 기다린다. 남편에게 용돈을 받아서 썼다면 거꾸로 아내가 용돈을 주고, 아내가 생활비 관리를 했다면 남편이 하게 한다.

아침마다 아내가 남편을 깨웠다면 내일은 남편 보고 깨워달라고 한다.

이런 학교가 있다면 어떨까?

아이를 키우면서 가장 경계해야 할 것은 획일성이다. 아이의 개성이 무엇인지 알기도 전에 그저 사회에서 요구하는 기준과 잣대에 맞춰 키운다면, 아이의 미래는 펼쳐지기도 전에 끝난다. 누구나 독특한 개성을 적어도 한 가지씩은 갖고 태어나는데 어른이 되면 복제품마냥 같은 모습이 되어 있다. 왜 그럴까? 저마다의 개성을 살릴 방법은 정말 없는 걸까?

상상의 일부는 현실이 되겠지만 전부 다 실현할 수 있는 건 아니다. 그렇다고 현실성 있는 상상만 가치 있는 걸일까? 비록 현실성은 많이 떨어지지만 지금과는 다른 학교를 상상해보자.

학교종이 울리면 아이들은 우르르 운동장으로 달려나간다. 친구들과 신나게 뛰어놀다가 시작종이 울리면 교실로 돌아온다. 그러면 선생님은 그다음 수업을 진행한다. 바로 전 시간에 수학을 했다면 이번에는 국어다.

그런데 만약 학교가 <그림>처럼 되어 있다면 어떻게 될까?

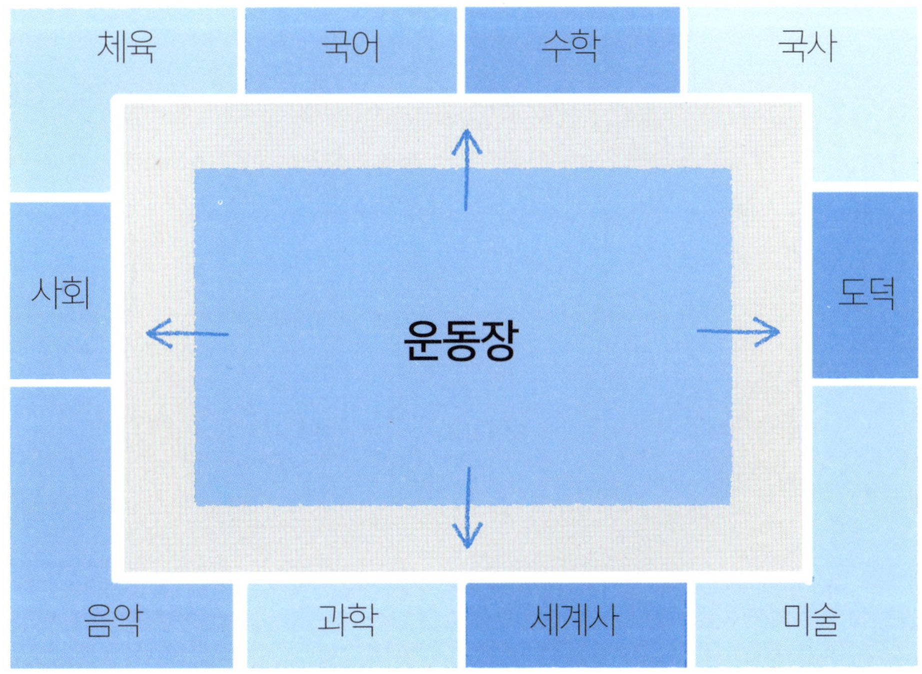

가운데는 운동장이다. 시작종이 울리면 아이들은 자기가 들어가고 싶은 교실로 간다. 그다음 시간도 마찬가지다. 수학이 좋은 아이는 계속 수학 교실에만 들어갈 것이다. 하지만 아무리 수학이 재밌어도 어느 땐가는 궁금해서라도 다른 교실에 들어가게 된다. 예를 들면 음악 교실이다. 들어가 보니 음악이 수학보다 더 재밌지 않은가! 이 아이는 계속 음악 교실에만 있을까? 아니면 다시 수학 교실로 갈까? 또는 체육 교실에도 가볼까? 음악이 재밌으면 재밌을수록 아마 다른 교실도 가보게 될 것이다. 그 과목도 수학이나 음악처럼 재미있을 것 같아서. 이런 학교를 초등학교 4학년부터 6학년 아이들한테 적용한다면? 물론 학습에 필요한 기초는 모두 배운 아이들에 한해서만.

당연히 예상되는 문제점들이 있다.

1. 진도 맞추기가 어렵다.

2. 평가도 어렵고 점수를 매기기도 불가능하다.

3. 일류대 입학을 꿈꾸는 엄마들의 아이들은 이 학교에 얼씬도 하지 않는다.

4. 선생님이 최고 실력자라도 엄하거나 무서우면 그 교실은 텅텅 빈다.

5. 친한 친구에 이끌려 원하지도 않는 교실에 간다.

장점도 있다.

1. 졸업할 때가 되면 아이가 무엇을 좋아하는지, 잘하는지 확실히 알 수 있다.

2. 학교 가는 것이 재미있다. 하루하루가 행복하다.

그런데 이런 행복한 학교는 언제쯤 생길까?

개념을 뒤집어라

철수와 영희는 오후 2시에 만나기로 했다. 철수는 1시 40분에 도착했고 영희는 2시 5분에 도착했다. 누가 약속을 어긴 것일까?

철수다.

영희는 5분 늦었지만 철수는 20분이나 빨리 왔기 때문이다. 오후 2시를 기준해 수학적으로 따지면 영희보다 철수가 무려 15분이나 더 어겼다. 이것이 개념 뒤집기다.

그런데 철수와 영희는 1분 어길 때마다 100원의 벌금을 물기로 약속했다. 따라서 개념을 뒤집으면 철수가 1500원을 내야 한다. 잘못하면 싸움 난다. 그래서 철수는 자신이 2시 정각에 도착했다고 말했다. 그러면 영희로부터 500원을 받을 수 있다. 조금 억울해도 1500원을 내는 것보다는 낫다.

철수는 어떻게 이런 창의적인 방법을 알았을까? 철수는 이 문제를 '따지거나 싸워야 할 것'으로 보지 않았다. 어떻게든 억울함을 최소화시키는 방법을 찾아야 하는 문제로 봤다. 이것이 관점의 차이다.

"긍정적인 생각이 성공의 열쇠다."

이것을 강조하는 말이 있다.

"컵의 물을 벌써 반이나 마셨다고 하지 말고 아직 반이나 남았다고 생각하라."

이미 마셔버린 물이 아니라 남아 있는 물의 관점에서 본 '관점 바꾸기'다. 그런데 이런 사고방식은 서양에서 온 것일까? 그렇지 않다.

"아직 신에게는 12척의 배가 남아 있습니다."

그 옛날 이순신 장군께서 말씀하셨다.

개념을 뒤집어 새로운 문화를 창조해보자.

사람들은 영화를 선택할 때 무엇을 기준으로 삼을까? 선호하는 장르가 있다면 그것에 따를 테고 감독이나 배우를 우선적으로 보는 사람도 있을 것이다. 관람료를 선택의 기준으로 삼는 사람은 많지 않다. 3D처럼 특수 제작된 영화가 아니라면 금액은 엇비슷하다.

그런데 만약 영화가 무료라면 당신은 선호와 관계없이 그 영화를 볼 것인가?

이미 본 사람들에 의하면 매우 잘 만들어진 영화라고 한다. 그렇다면? 두 말 안 하고 본다!

어느 날 '천만관객 돌파'라며 매스컴에서 크게 다룬다. 이런 결과가 가능할까?

'이 영화는 무료입니다.' 홍보물의 헤드라인이다.

"어, 무료라고?"

“입장료 없대.”

“정말?”

“응, 나도 보고 왔어, 진짜 무료야.”

“영화 진짜 재밌어, 어서 보고 와.”

경제개념을 완전히 깬 홍보전략이다. 으레 영화는 돈 내고 봐야 한다는 기존 경제논리를 확 뒤집었다. 개념 뒤집기를 적용한 결과다.

하지만 문제가 발생한다. 영화 제작자는 경제적으로 엄청난 손해를 본다. ‘뒤집기’가 창의적인 방법이라고 해서 적용했는데 손실만 입고 말았다. 정말 그럴까? 정녕 이 아이디어를 살릴 방법은 없을까?

방법이 있다!

앞에서 배운 ‘곱하기’를 적용해서 뒤집기를 한 번 더 하면 된다. 개념 뒤집기에 이어 순서 뒤집기를 하는 것이다.

영화 볼 때 언제 돈을 내는가? 입장할 때 낸다.

이것을 뒤집으면? 영화를 다 보고 나가는 출구에서 돈을 지불하도록 시스템을 바꾸는 것이다.

무료라면서? 그렇다! 영화가 맘에 들지 않았다면 그냥 나가도 된다. 그러니까 무료다.

관람료를 완전히 관객의 자율에 맡기자는 아이디어다. 만약 정말 영화 잘 만들었다, 이제부터 난 이 감독 팬이다, 적극 밀어주겠다는 생각이 들면 5,000원도 좋고 10,000원도 낼 수 있도록 한다. 관객 마음대로 금액을 정해서 내는 것이다.

그러면 어떤 일이 벌어질까?

아무리 재밌게 잘 봤어도 공짜 좋아하는 사람들은 그냥 나갈 테고 기꺼이 10,000원 이상을 내고 나가는 사람도 있을 것이다. 어쨌든 영화가 무료라는 말은 진실이다. 얼마나 잘 만들었으면 그럴까? 정말 자신 있나봐 등등 입소문이 퍼지면서 제대로 광고가 된다. 따라서 마케팅이나 홍보에 드는 비용은 최소액이다. 영화를 보고 나서 돈이 아깝다고 투덜대는 관객은 전무하다. 꿈같은 얘기인가?

영화 관람료는 관객이 정한다!
전 세계 어디에도 없던 영화산업의 새로운 시스템이 만들어진다. 여타의 엉터리 영화는 자연스럽게 도태된다.
이 책을 읽고 있는 당신의 아이가 미래를 이렇게 바꿔놓을 것이다.
뒤집어라!
개념도 순서도 다 뒤집어라!

레오나르도 다빈치는
왜 거울 문자를 썼을까?

레오나르도 다빈치는 말이 필요 없는 천재다. 보통 천재는 주로 한 분야에서 두각을 나타내는데 이 사람은 수많은 분야에서 최고였다. 모나리자 덕분에 화가로 유명하지만 그는 시인이고 건축가며 수학자고 해부학자다. 말이 필요 없다고 했으니 이쯤에서 끝내고 오직 한 가지에만 주목해보자.

그는 글을 거꾸로 썼다!

왜 그랬을까?

누군가는 자신이 밝혀낸 과학 지식을 다른 사람이 알 수 없도록 그렇게 썼다고 하는데 믿기 어렵다. 왜냐하면 그가 손으로 쓴 글들은 암호와 달리 거울에 비춰보면 바로 읽을 수 있기 때문이다. 이유가 무엇이었든, 거울이 있어야 비로소 읽을 수 있는 글이어서 이것을 거울 문자라고 한다.

레오나르도 다빈치의 거울 문자에 관심을 갖는 이유는 한 가지다. 우리도 쉽게 흉내를 낼 수 있기 때문이다. 그의 필체를 따라 한다고 천재가 되는 건 아니지만 최고 천재의 행적 중에서 그나마 따라 할 것이 있다는 게 흐뭇하다.

다른 천재들은 아예 따라 할 수 있는 게 없다. 아무리 사과나무 아래에 누워 있어도 사과가 떨어지지도 않고, 마침 한 개 떨어졌다고 해도 이마만 아프지 뉴턴처럼 만유인력의 법칙을 깨닫기란 거의 불가능하다. 아인슈타인이 뒤늦은 나이에 천재성을 인정받았다고 해서 우리도 무작정 나이 들 때까지 기다린다고 되는 것도 아니다.

그런데 고맙게도 레오나르도 다빈치는 우리도 따라 할 수 있는 일을 했다. 한 번 따라 해보자. 평소 쓰지 않던 뇌를 쓴다는 것, 이것이 머리가 좋아지는 비결이라는데…….

준비물도 간단하다. 종이와 펜, 거울만 있으면 된다.

거울 문자를 쓰는 놀이는 평소 사용하지 않던 뇌를 써볼 기회다.

엄마 혼자 연습한다.

1. 어느 방향으로 써야 할까?

레오나르도 다빈치는 문장을 오른쪽에서 왼쪽으로 썼다. 그래야 거울에 비췄을 때 좌우가 바뀌게 되어 왼쪽에서 오른쪽으로 읽을 수 있다. 따라서 오른손잡이든 왼손잡이든 오른쪽에서 왼쪽으로 쓰면 된다. 레오나르도 다빈치는 왼손잡이였다고 한다.

2. 어떻게 써야 할까?

쉬운 방법이 있긴 하지만, 그 방법은 아무리 해도 잘 안 될 때를 대비해 남겨두기로 하자. 그렇다면 일단 써보는 수밖에. 자신이 쓴 글을 거울에 비췄을 때 원했던 글자가 나타나면 성공이다. 연습 삼아 '창의력을 폭발시키는 엄마의 마법'을 써본다.

3. 성공했다면 아이와 함께할 때를 위해 연습을 좀 더 한다. 되도록 획수와 받침이 많은 걸로 연습한다. 예를 들면 얇다, 넓다, 상처가 곪았다 등등.

4. 자, 이제 틀리지 않고 쉽게 쓰는 방법을 공개한다. 지금 쓰고 있는 종이의 뒤쪽에서 글을 쓴다고 상상하면서 쓰면 아주 쉽다. 거울 문자는 글을 정상적으로 쓴 다음 그 종이의 앞뒤를 180도 뒤집었을 때 보이는 것과 같기 때문이다.

예를 들어, 거울 문자로 홍길동을 쓴다고 하자. 그러면 우선 종이에 그냥 홍길동이라고 쓰는데 힘을 줘 꾹꾹 눌러 쓴다. 다 썼으면 종이를 뒤집어라. 뒷면에 남은 글씨 자국이 선명하다. 그 선에 따라 글자를 써보라. 그리고 그것을 거울에 비춰보자. 거울 문자의 원리를 금방 깨달을 수 있다.

아이와 함께 거울 문자를 쓴다.

1. 아이와 함께 화집이나 인터넷을 통해 모나리자 그림을 감상한다. 아이에게 모나리자에서 보통 사람의 얼굴과 다른 점을 찾아보자고 한다. 아이는 엄마가 더 예쁘다, 남자 같다, 머리가 이상하다, 얼굴이 검다 등등 느끼는 대로 평가할 것이다. 아이 눈으로 봐도 모나리자는 분명히 보통 사람과 다른 점이 있다.

눈썹이 없다는 점을 아이가 찾아낼 수도 있고 아닐 수도 있다. 만약 찾지 못하면 눈썹이 없다는 걸 슬그머니 알려준다.

"왜 모나리자는 눈썹이 없을까?"

모나리자가 눈썹이 없는 이유에 대해서는 여러 가지 설이 있지만, 사실 아무도 모른다. 따라서 물감이 다 떨어졌나, 다빈치가 눈썹 그리는 것을 깜빡했나 등등 재밌게 이야기를 나누면서 명화를 감상하자.

2. 모나리자 그림을 한 장 복사하자. 아이와 함께 눈썹도 그려 넣고, 머리도 곱슬머리로 바꾸고, 안경도 씌우고 그 유명한 미소도 활짝 웃음으로 바꾼다.

3. 레오나르도 다빈치에 대한 책을 함께 읽는다.

4. 레오나르도 다빈치는 거울 문자를 썼다고 알려주고, 함께 거울 문자를 쓴다. 처음에는 각자 자신의 이름을 쓰는 것으로 시작한다. 아이는 자기 이름을 쓰고 엄마는 엄마 이름을 쓴다. 종이 뒤에서 글자를 쓴다고 상상하면서 쓰면 훨씬 쉽다는 비법도 알려준다.

아빠가 퇴근하면 누가 더 정확하게 빨리 쓰는지 시합한다. 내용은 '넋이라도 있고 없고 임 향한 일편단심이야 가실 줄이 있으랴'로 정한다. 엄마와 아이는 아빠가 도착하기 전까지 미리 연습을 한다. 아이가 너무 길다고 하면 '넋이라도 있고 없고'까지만 하는데, 길게 쓸수록 아빠를 이길 확률이 높다고 격려한다. 아빠는 거울 문자를 써봤을 리 없기 때문에 아이에게도 질 확률이 있다.

5. 1부터 9까지, 숫자로도 거울 문자를 쓴다.

대부분 '4'와 '5'에서 머뭇거린다. 이런 현상은 4보다 5가 더 심하다. 왜 그럴까? 4와 5는 다른 숫자들과 달리 펜을 종이에서 한 번 뗐다가 다시 붙여 쓰기 때문이다. 특히 5는 <그림>처럼 펜을 떼지 않고도 쓸 수 있는데 습관대로 하기 때문에 거꾸로 쓰기가 어렵다.

그래서 5는 매우 고마운 숫자다. 한 번 어떤 방식을 정하고 나면 그것을 바꾸는 게 매우 어렵다는 걸 깨닫게 해주기 때문이다.

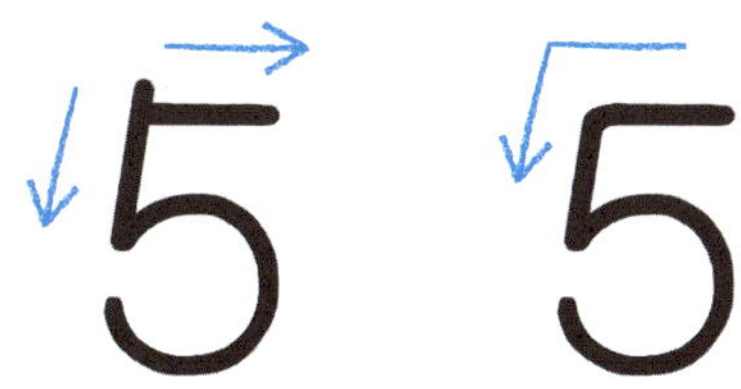

이렇게 글자도 뒤집고 숫자도 뒤집는 데는 다 이유가 있다. 아이 때 '뒤집기'를 배워야 커서도 거부감 없이 뒤집기를 할 수 있기 때문이다. 뒤집기를 경험하지 못하고 어른이 되면, 뒤집어서 해결할 수 있는 문제가 있어도 좀처럼 뒤집을 생각을 하지 못한다. 뒤집기만 하면 아이디어가 떠오를 텐데 그것을 하지 못해 절호의 기회를 놓친다.

발상의 전환을 위한 가장 쉽고 효과적인 방법이 '뒤집기'다!

고정관념은 그것을 깬 다음에야 비로소 그것이 고정관념이었다는 것을 알게 된다.

생각을 뒤집으면 두 마리 토끼를 한 번에 잡을 수 있다.

뒤집을 이유가 이렇게 많은데, 왜 뒤집기를 망설이는가?

글자도 숫자도 뒤집었는데, 뒤집지 못할 게 없다!

뒤집어라!

엎어라!

매일매일 **더하고 빼고**
나누고 뒤집기를 생활화하자

가르치면 가르칠수록 쑥쑥 키워지는 놀라운 재능이 있다.

바로 창의성이다!

엄마가 먼저 창의적으로 생각하는 방법을 배우자. 그리고 아이에게 가르치자. 아이의 내면에는 엄마가 키워주기를 기다리는 창의성이 꿈틀거리고 있다. 그 놀라운 잠재력이 아이 속에서 엄마만 바라보고 있다.

엄마가 먼저 창의적인 생각을 하면, 바로 아이가 따라 한다.

아이 스스로 이렇게 느끼게 된다.

"아하!"

이것이 엄마가 할 일이다. 억지로 강요하지 말고, 아이와 함께 생각하고 이야기를 나누자. 무엇이든 다양하게 보여주자. 아이가 무엇을 깨달았는지 확인하지 마라. 확인할 수 있다면, 그건 이미 창의성이 아니다. 창의성은 다른 과목들처럼 평가하거나 점수를 매길 수 없다. 아이가 매일매일 더하고 빼고 나누고 뒤집기를 생활화하면 어느 날 자기도 모르게 창의력을 폭발시킨다.

1. 엄마부터 변화하라 : 창의성 교육에서 가장 중요한 첫걸음은 엄마가 변하는 것이다. 아이와 함께 생활하다 보면 엄마의 '고정된 생각'이 알게 모르게 아이에게 전달된다. 이것은 은연중에, 정말 아무도 모르게 이루어진다. 그래서 창의성 교육을 위해선 엄마가 먼저 바뀌어야 한다.

2. 같다/다르다 : 아이와 함께 대상을 정해 이야기를 나눠라. '같으면' 무엇이 같은지, '다르면' 무엇이 어떻게 다른지! 같은 것이 있으면 다르게 바꿔본다. 시간에 따라 변화를 줘도 좋고 공간에 따라 바꿔도 좋다. 같은 건 모조리 다르게 바꿔본다. 결과가 이상해도 상관없다. 아이에게 '다른 것'이 무엇인지 확실히 깨닫게 하는 게 중요하다.

3. 아이의 장래 : 우리가 아는 것과 진짜 하는 일은 많이 다르다. 원하는 직업을 가졌을 때, 진짜 하는 일이 무엇인지 아는 것이 중요하다. 그에 따른 보람도 무엇인지 알려주자. 아이가 제대로 알고 꿈을 꿀 수 있도록 도와주자.

4. 관찰력 : 아이가 자연스레 엄마를 따라 하도록 엄마가 관찰하는 모습을 보여준다. 다만 너도 엄마처럼 관찰하라고 부담을 줘서는 안 된다.
아이가 일상생활에서 늘 관찰하는 습관을 갖도록 하는 게 목적이다.

5. 호기심 : 엄마는 아이가 호기심을 놓지 않도록 잡아줘야 한다. 스무고개든 끝말잇기든 놀이를 통해 '알아내고자 하는 욕구'를 끊임없이 부추겨주자. 아이 입에서 '왜'라는 물음이 튀어나올 수 있게. 답을 알면 대답해주고 모르면 되묻는다. 그게 무엇일까? 우리 함께 알아볼까?

6. 오른손잡이/왼손잡이 : 쓰지 않던 손을 쓰면 더욱 창의적인 아이가 된다. 엄마도 프라이팬의 계란을 뒤집을 때 반대 손으로 해본다.

7. 쉽다/어렵다 : 엄마가 가르치고자 하는 의지만 있다면 아이는 무엇이든 받아들일 수 있다. 가르치고 싶은 것은 아이가 싫어해도 가르쳐라. 단지 어려워서 싫어하는 것이라면 시간을 두고 천천히 가르친다. '어려운 것'과 '아이에게 맞지 않는 것'은 다르다. 아이가 적성에 맞지 않아서 싫어한다면 당장 그만둔다.

8. 엄마가 꼭 인정해야 할 한 가지 : 엄마는 이미 많은 것을 알고 있다. 다만 모든 것이 '반드시 그래야만 한다'는 게 아니란 것만 인정하자. 그러면 엄마가 알아야 할 건 다 아는 셈이다.

9. 관점 : 관점은 관찰력과 밀접한 관계가 있다. 아이와 함께 그림을 그린다. 엄마가 그린 그림을 보여주면서 아이 스스로 관점을 깨닫게 해준다. 여러 각도에서 보는 방법이 있다는 것을 알려주자. 뒤쪽에서 보면 어떤 모습일까? 아래에서 본다면? 멀리서 본다면?

10. 우리 집 전래동화 : 등장하는 동물의 수와 시간, 공간 등을 바꿔가며 아이와 함께 '우리 집 전래 동화'를 새롭게 쓴다. 조금만 바꿔도 아이에게는 훌륭한 창작물이 된다.

11. 생각에도 방법이 있다 : 생활 속에서 더하고 곱하고 나누고 뺀다. 엄마의 이런 모습을 보여주는 것만으로도 아이에게 큰 영향을 미친다. 아이가 아하! 한다면 충분하다.

12. 뒤집어라, 엎어라 : 새로운 전화기를 만든다. 귀에 닿는 부분으로 말하고 입에 닿는 부분으로 듣는 전화기다. 잘못된 걸까? 이런 엉뚱한 아이디어가 스피커폰을 만들어낸다. 뒤집으면 새로운 게 만들어진다. 위치와 방향을, 순서를, 주체와 객체를, 그리고 심지어는 개념까지 뒤집어라! 무엇이든 뒤집어라! 엎어라! 새로운 것이 보인다.

내 아이의 창의력을 폭발시키는 엄마의 마법이다!

창의력이 폭발하는 바로 그 순간

어느 날 아이가 시험을 보고 점수를 받아온다. 처음에는 절대평가다. 잘하는지 못하는지가 아니라 '할 수 있어야' 하기 때문이다. 의무교육이다. 이 시기에는 잘하고 못하고 차이가 없다. 35-24를 답하는 데 다른 아이보다 빨라야 1초이고 늦어야 1초다. 구구단은 모든 아이들이 다 외운다. 이때까지는 대부분의 부모가 인내심을 갖고 아이를 지켜본다.

그런데 어느 날 100점만 받던 아이가 한두 문제 틀리기 시작하더니 90점, 80점을 받아온다. 점수가 점점 내려가는데, 이것은 상대평가 때문이다. 모두 다 100점을 줄 수 없어 난이도를 높였더니 80, 70점이 나오면서 자연스레 등수가 생긴다. 이제 부모의 인내심은 바닥을 드러낸다. 아이가 1등하기를 바라면서 끝없는 경쟁에 몸을 던진다.

하지만 이 책을 끝까지 읽은 부모는 그렇게 하지 않을 것이다. 아무리 학교 성적이 좋아도 아이가 스스로 꿈을 꾸지 않는 한 결코 행복해질 수 없다는 것을 알았기 때문이다. 무엇보다 남과 다른 생각을 할 줄 아는 아이로 키우는 것이 1등과 100점보다 훨씬 더 경쟁력이 있다는 것을 깨달았기 때문이다.

때로는 이걸 언제 다 해보나 하는 부담감으로 포기하고 싶을 때도 올 것이고 어렵다고 느끼는 순간도 있을 것이다. 그럴 때마다 조용히 눈을 감고 돌이켜보자. 아이 스스로 고개만 가눌 수 있어도 더 바랄 게 없던 시절을……

이제 새로운 방법으로 아이와 함께 놀아주자. 재미있게 할 수 있는 놀이부터 하나씩 실천하자. 아이의 잠재력을 맘껏 펼칠 수 있도록 길을 활짝 열어주자.

엄마의 마법으로 아이의 창의력이 폭발하는 순간이 반드시 찾아온다.
마지막 장까지 함께한 엄마들에게 깊이 감사드린다.

창의력을 폭발시키는 **엄마의 마법**

ⓒ김영식, 2017

초판 1쇄 발행일 2017년 7월 14일

지은이 김영식
펴낸이 윤은숙
편집 이희원
디자인 윤미정
그림 오승민
마케팅 정민재
관리 구법모 엄철용

펴낸 곳 (주)느림보
등록일자 1997년 4월 17일
등록번호 제10-1432호
주소 경기도 파주시 회동길 198
전화 편집부 031-955-7383 영업부 031-955-7374
팩스 031-955-7393
홈페이지 www.nurimbo.co.kr

• 책 속에 나오는 제품 그림은 일부 실제하는 아이디어 상품 이미지입니다.
• 이 책의 글과 그림의 일부 또는 전부를 재사용하려면 반드시 저작권자와 (주)느림보 양측의 동의를 얻어야 합니다.
  책값은 뒤표지에 있습니다.

ISBN 978-89-5876-214-0 13590

이 도서의 국립중앙도서관 출판시도서목록(CIP)은 서지정보유통지원시스템 홈페이지 (http://seoji.nl.go.kr)와
국가자료공동목록시스템(http://nl.go.kr/kolisnet)에서 이용하실 수 있습니다.
(CIP제어번호 : CIP2017015387)